과학을
보다 3
BODA

과학을 보다 3

BODA

김범준, 우주먼지(지웅배), 이대한 그리고 정영진 지음

알파미디어

"왔다, 내 밥 친구!"

매주 토요일 11시, 맛있는 과학이 유튜브로 배달된다. 만사가 귀찮고 게을러지는 토요일 점심, 수만 명의 사람들이 라면을 끓이거나, 짜장면을 시키거나, 햄버거를 포장해 와 밥 친구 〈과학을 보다〉와 마주 앉는다. 여전히 믿기지 않는 2025년 대한민국의 토요일 풍경이다.

어느덧 100회를 넘게 배달된 〈과학을 보다〉는 왜 이렇게 인기가 많을까. 그 궁금증이 직접 출연해보면서 어느 정도 풀렸다. 〈과학을 보다〉는 보는 사람도 재밌지만, 찍는 사람은 더 재밌다. 정영진 MC의 맛깔나는 진행에 따라 김범준 교수님, 우주먼지님, 다른 게스트분들과 흥미진진한 과학 이야기를 나누다 보면 어느새가 이곳이 촬영장이란 사실을 까마득히 잊어버린다.

과학자로 살아가며 가장 즐거운 순간은 지식을 나누고 그 지식을 바탕으로 상상의 나래를 펼 때다. 그런 즐거운 시공간은 연구실에서 학생들과 이야기를 나눌 때, 학회 뒤풀이 때 종종 열리곤 한다. 〈과학을 보다〉는 대부분 과학자만 참여하는 그러한 시공간을 지켜볼 수 있게 해주었을 뿐만 아니라, 시청자의 질문에 출연자들이 답변하는 방식을 통해 대화에 참여할 수 있게 만들어주었다.

다들 그런 경험이 한 번쯤 있으리라. 식당이나 카페에서 밥을 먹는데, 옆자리에 앉은 사람들이 너무 재미난 이야기를 나누고 있어서 의도치 않게 엿듣게 되는 경험. 일부러 귀를 막을 수도 없어 어쩔 수 없이 대화를 엿듣다 보면 나도 모르게 그 이야기에 빠져드는 경험을 할 때가 나도 가끔 있다. 어쩌면 〈과학을 보다〉는 스크린 너머 시청자들에게 그 비슷한 느낌을 제공하는 것이 아닐까.

나는 과학이 너무나 재밌어서 과학자가 되었고, 과학자가 되고 나서도 과학이 제일 재밌다. 〈과학을 보다〉를 통해 그 재미를 공유할 수 있고, 많은 애청자들이 그 재미에 동참해 주셔서 너무나 뿌듯하고 감사하다. 〈과학을 보다〉를 통해 과학을 좋아하고 즐기는 사람이 많이 생겨났고, 그 덕분에 우리나라 과학계의 저변이 어마어마하게 넓어지고 있다고 믿는다.

이 책 『과학을 보다 3』에서는 전작들과 마찬가지로 지식과 재미를 한 번에 채우는 과학 이야기가 풍성하게 담겨 있다. 정영진 MC와 과학자들의 생생한 목소리를 들을 수 있는 영상 매체의 매력도 크지만, 책이라는 매체를 통해 접하는 과학 이야기는 또 다른 매력이 있다. 독자 스스로 온전히 통제하는 속도로 과학 수다를 읽으며 우주와 자연, 생명을 바라보는 시선이 한층 더 깊어지는 경험을 즐길 수 있기를 희망한다.

2025년 1월

이대한

차례

Part 2  지금도 진화하고 있는 호모 사피엔스

Part 3  하루에 한 번은 우주를 생각한다

Part 4  알면 알수록 더 궁금한 세상 만물

Part

1

신비하고 경이로운 생명의 진화

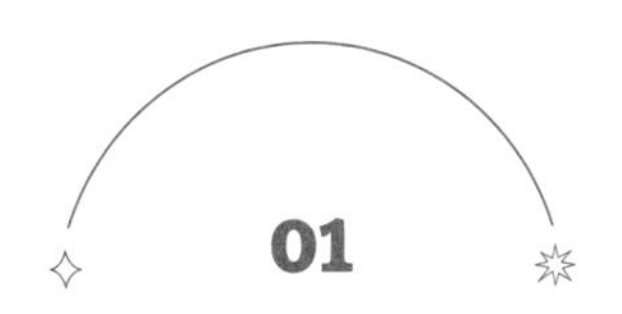

생명체 진화론을 확인할 수 있는 증거가 있다?

✳

우선 명확히 짚고 넘어가고 싶은데요. 생명체가 진화했다는 게 사실인가요? 특정 종교의 영향이 크긴 하겠지만, 제 주변에서조차 생명 창조론을 믿는 사람들이 많거든요. 지구가 우주의 중심이라는 천동설은 이미 확실한 과학적 증거 덕에 틀린 것으로 밝혀졌잖아요. 진화론도 확실한 증거가 있을까요? 수많은 천문대와 우주선이 실제 우주의 모습을 생생하게 보여주니까 이제는 천동설을 믿는 사람이 거의 없듯이 생명체의 진화를 뒷받침하는 명백한 증거도 있을까요?

모든 것은 진화합니다. 이 사실을 주변에서 쉽게 확인할 수 있는 증거가 있습니다. 바로 우리 목숨을 위협하는 암입니다. 우리 몸을 이루는 기본 단위인 세포조차도 끊임없이 분열하고 변화하며, 이 과정에서 유전적 돌연변이가 발생할 수 있고 이것이 축적되어 암이 발생할 수 있죠. 여기서 한 가지 의문

이 들 수 있습니다. 진화의 핵심이 생존과 적응이라면, 왜 암세포처럼 생명을 위협하는 방향으로도 세포 진화가 이루어질까 하는 점입니다.

사실 우리 인체는 암세포의 성장을 억제하고 이를 극복하기 위해 다양한 생리적 메커니즘을 오랜 시간 진화를 통해 갖추게 되었습니다. 그러나 암세포 역시 이러한 방어 체계를 피하고 살아남기 위해 끊임없이 진화합니다. 이처럼 우리 몸은 암세포를 억제하려 하고, 암세포는 이를 뚫고 번식하려는 치열한 싸움이

암세포를 보면 진화가 보인다?

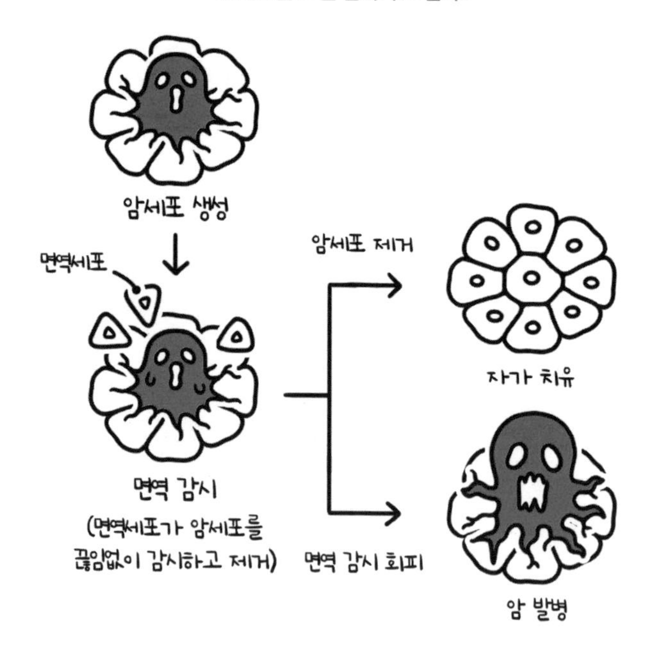

계속해서 벌어지고 있는 겁니다. 암세포는 외부에서 침입하는 것이 아니라, 몸 안의 정상 세포가 돌연변이를 일으켜 발생합니다. 이들 돌연변이를 지닌 세포 중에서도 생존력과 번식력이 강한 세포가 적자생존의 법칙에 따라 살아남아서 본래의 기능을 상실하고 오직 빠른 증식만을 추구하는 암세포가 되는 거죠. 이러한 과정은 진화의 한 측면을 보여주는 동시에, 개체의 내부에서조차 끊임없는 경쟁과 적응이 벌어지는 하나의 예시라고 할 수 있습니다.

혹시 식물에게도 종양이 생긴다는 말을 들어본 적 있나요? 이 사실을 잘 모르는 사람들이 많더라고요. 우리가 등산을 하거나 공원을 산책하다 보면 나무에 가끔 혹이 달린 것처럼 커다란 옹두리가 볼록 솟아난 것을 볼 수 있습니다. 그게 바로 식물의 종

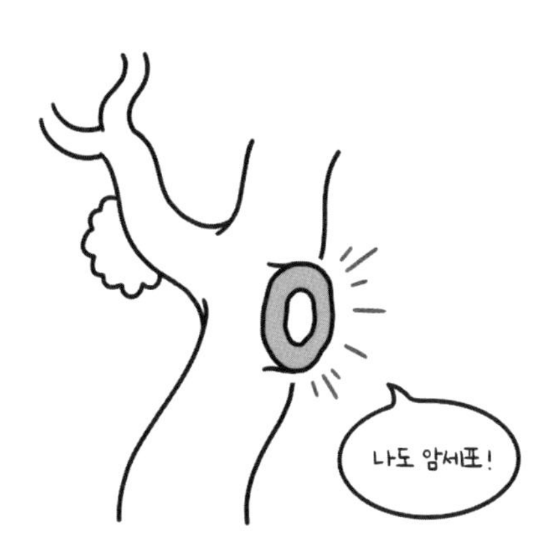

나무에 생긴 옹두리

양입니다. 하지만 동물과 달리 식물은 종양이 생겨도 생존에 크게 영향을 받지 않습니다. 식물이 동물보다 강인한 생명체라고 볼 수 있는 이유이기도 합니다.

생명을 유지하려면 영양분을 얻어야 하는데, 동물은 스스로 에너지를 합성하지 못해서 외부에 의존해야 합니다. 바깥에서 얻은 에너지원을 자신이 사용하기에 알맞은 형태로 변환하는 소화 작용도 필요하죠. 사냥이나 채집을 하기 위해 근골격 기관과 이를 컨트롤하는 신경계를 발달시키고 혈액도 순환시켜야 합니다. 결정적으로 만약 움직일 필요가 없다면 식물처럼 세포벽을 딱딱하게 만들 수 있는데 그렇게는 진화하지 못했죠. 세포에 단단한 차단벽이 없으니까 병원균이 침입하기가 쉽습니다. 병원균 침입을 방어하기 위해서는 면역계가 필요하고요. 무엇보다 이런 복잡하고 다양한 기관들이 서로 긴밀하게 영향을 주고받으며 유기적인 체계를 이루고 있기 때문에 하나가 망가지면 전체가 무너지는 거죠.

식물은 광합성을 통해 생존을 위한 에너지를 스스로 합성할 수 있습니다. 자연스레 구조 또한 단순하죠. 기관이라고 부를 수 있는 것이 잎, 뿌리, 줄기, 꽃 등 네 가지밖에 없습니다. 그래서 식물은 종양이 생겨도 그냥 그 부분에서 증식하는 것 외에는, 다른 부분에 특별히 영향을 미치지 않습니다. 그냥 종양 세포는 자기들끼리 마음껏 증식하도록 놓아두고 다른 부분은 자체적인 광합성으로 멀쩡하게 생존할 수 있는 거죠.

종합하자면 암 혹은 종양은 동물이나 식물과 같은 다세포 생물의 탄생 순간부터 잠재되어 있던 내재적 폭탄이라고 비유할 수 있습니다. 단세포 생물에서는 세포 자체가 한 개체라서 세포와 개체 사이의 이해 관계가 다르지 않습니다. 하지만 다세포 생물에서는 이러한 이해관계의 간극이 벌어질 수 있죠. 예를 들어 세포의 죽음이 개체에게는 도움이 될 수 있습니다. 수많은 면역세포가 병원균과 싸우면서 자신의 목숨을 희생합니다. 그 결과 개체는 건강하게 생존하면서 생식활동을 할 수 있죠. 암의 발생은 그 반대입니다. 세포가 자신이 소속된 개체의 이익을 위해 복

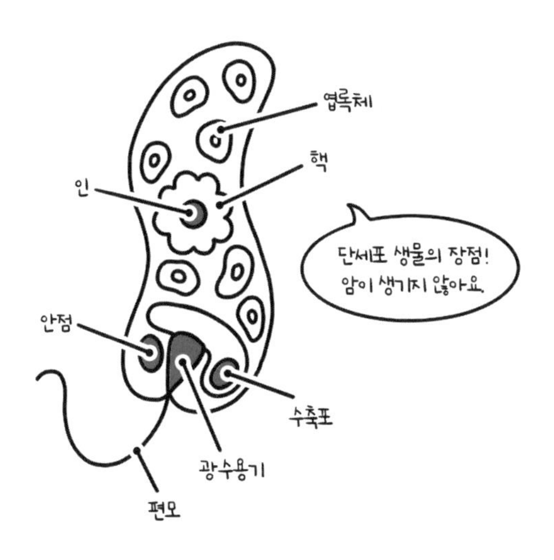

단세포 생물인 짚신벌레

무하지 않고 자기 증식에만 힘쓰는 것이기 때문이죠. 세포가 공동체(개체)의 이익이 아니라 자신(세포)의 이익만을 추구한 결과가 바로 암입니다. 그런데 문제는 다세포 생물을 이루는 세포들에서 돌연변이가 쌓이게 되면, 이들 중 암세포와 같이 행동하는 세포가 어쩔 수 없이 더 많이 증식하여 퍼지게 됩니다. 그러한 암세포들이 걷잡을 수 없이 퍼지면 개체의 에너지를 소모하고 정상적인 시스템 조절을 교란하여 죽음에 이르게 하죠. 다만 동물이 식물과 같은 다른 다세포 생물에 비해 복잡성과 시스템 구성 요소들의 상호 연관성이 훨씬 높기 때문에, 폭탄이 터졌을 때 받는 피해 또한 큰 겁니다.

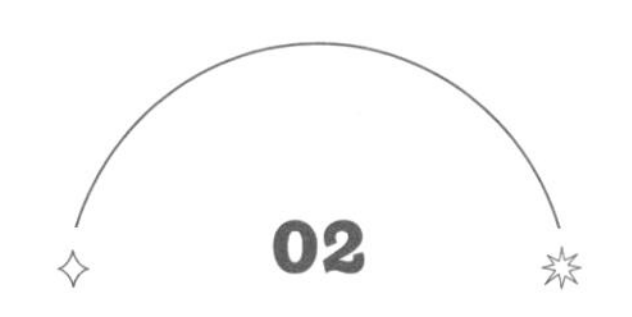

기후변화로 새로운 종이 탄생할 수도 있을까?

*

요즘 인류를 위협하는 기후변화, 아니 기후위기가 화두인데요. 특이하게도 생태계가 변화하는 속도에 큰 영향을 미치고 있다는 소식이 들려옵니다. 예를 들어 극지에 사는 북극곰과 북미 지역에 사는 회색곰은 원래 만나지를 못했는데, 지구 온난화의 영향으로 서로 만나게 되면서 지금까지는 보지 못했던 색깔과 생김새의 곰이 탄생하고 있다는데요. 기후변화로 정말 영화에서나 볼 법한 신기한 동물들이 나타날까요?

먼저 생물의 종species이 어떤 개념인지 정확하게 이해할 필요가 있습니다. 일반적으로 생물학적인 종이란, 서로 교배가 가능하며, 그 자손 또한 생식 능력을 유지하면서 안정적으로 번식할 수 있는 개체들의 집단을 뜻합니다. 즉, 다음 세 가지 요소가 필요합니다.

- 생식 가능
- 개체 간 자발적인 생식
- 그렇게 발생한 자손 역시 생식 능력 소유

예를 들어 사람과 침팬지 사이에서는 자손이 태어날 수 없으니 다른 종이고, 개는 종류에 따라 크기와 생김새가 천차만별이지만 자손이 태어날 수 있으므로 같은 종으로 분류되죠. 이처럼 종의 개념을 생식적인 격리로 깔끔하게 정리해준 분이 진화생물학자 에른스트 마이어Ernst Mayr입니다.

> "종이란 자연에 존재하는 집단으로서 그 가운데에는 현재 교배가 이루어지고 있거나 또는 적어도 교배 능력이 있는 것입니다. 따라서 다른 유사 집단과 생식적으로 격리된 집단입니다."

지구상에 존재하는 전체 동식물을 870만여 종으로 추산하는 연구 결과가 발표되기도 했는데요. 이렇게 생물을 종으로 구분하는 것은 대단히 인위적인 분류이기도 합니다. 그렇게 많은 종을 실제로 교배해본 건 아닐 테니까요. 만약 이 실험을 진행한다면 수학적으로 '$870만^2/2$'라는 엄청난 경우의 수가 나올 테니 가능하지도 않겠죠. 현재는 생김새가 달라서 다른 종으로 구분되어 있지만, 서로 교배가 되고 안정적으로 재생산이 이루어지는 사례는 얼마든지 나타날 수 있는 겁니다.

실제로 사회자가 질문한 북극곰과 회색곰도 현재 다른 종으로 분류되어 있지만 서로 교배가 가능해져 자손이 탄생하고 있습니다. 이 새로운 곰을, 회색곰을 뜻하는 그리즐리grizzly와 북극곰을 뜻하는 폴라polar를 합쳐서 그롤라 베어grolar bear라고 부르기도 하고, 흰색과 갈색이 섞인 털 색깔 때문에 카푸치노 베어라고도 부릅니다. 그롤라 베어가 안정적으로 자손을 재생산해서 집단을 이룰 수 있다면 사실 회색곰과 북극곰은 엄밀하게 다른 종이라고 부르기가 어려워지는 것이지요. 미국 북동부 지역에서 늑대와 코요테 사이의 자연적인 이종교배를 통해 탄생한 코이울프coywolf는 이미 수백만 마리에 이를 정도로 번식에 성공해서 주변 생태계와 조화를 이뤄 살아가고 있습니다.

다윈에 따르면 생물은 하나의 종에서 어떤 종이 떨어져 나오거나 집단이 반으로 갈려서 점차 다른 종으로 분화해 나갑니다. 종의 분류에 관한 문제를 해결하려면 이런 분화의 과정에서 과연 어느 지점부터 서로 교배가 안 되는 다른 종이 될까 하는 근본적인 질문에 해답을 구해야 합니다. 실제로 물리적인 교배를 해보지 않고 유전자 정보만으로 확실하게 이를 밝혀내는 것은 쉽지 않습니다.

한편으론 인간도 어떤 원인으로든지 일부가 고립된 채 오랜 세월이 흐른다면 다른 종으로 분화할 수도 있습니다. 갈라진 집단 간의 교배, 즉 생식이 불가능해질 수 있다는 거죠. 인류 진화의 역사에서도 확인할 수 있는 사실입니다. 실상 현재 인류인 호모 사피엔스는 굉장히 특별한 시대에 살고 있습니다. 예를 들어 네안데르탈인들이 대략 3만 년 전쯤에 멸종됐다고 추정하는데, 그 이전 200만 년가량은 호모 사피엔스를 포함해 최소한 2종 이상의 고대 인류가 공존했다는 것이 화석을 통해 밝혀졌습니다. 그중에는 서로 교배가 안 될 정도로 상당히 달랐을 거로 추정되

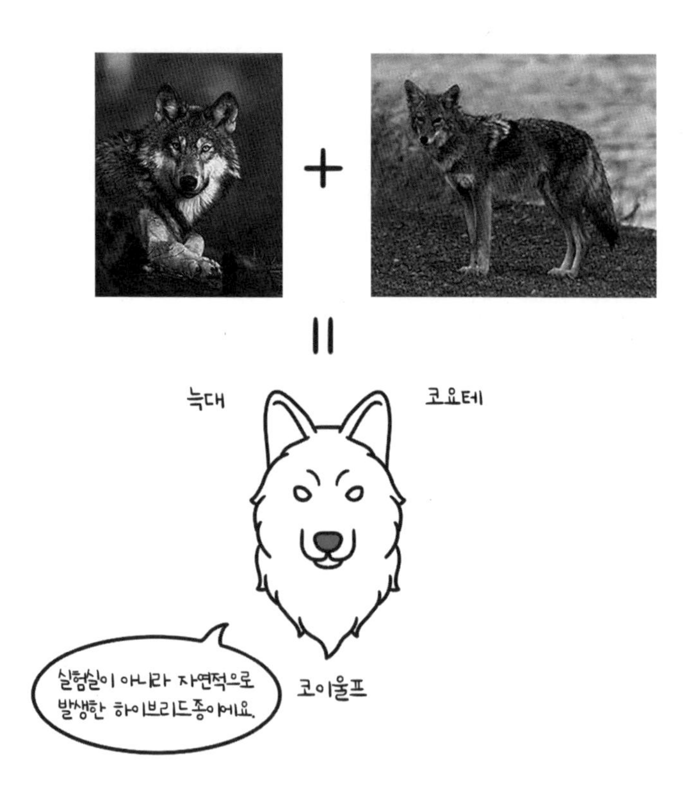

는 종도 있죠.

많은 고대 인류 중 네안데르탈인은 호모 사피엔스와 교배가 이루어졌다는 것이 유전자 분석으로 확인됐습니다. 아프리카 바깥의 현생인류 유전자에 네안데르탈인의 유전자가 1~3%가량 섞여 있죠. 네안데르탈인과 호모 사피엔스의 공통 조상은 무슨 이유에서인지, 유라시아 지역의 네안데르탈인과 아프리카 지역의 호모 사피엔스로 분리됐습니다. 그렇게 서로 만나지 못한 채 수십만 년의 세월을 살아간 후, 아프리카를 떠난 호모 사피엔스들이 다시 네안데르탈인과 만난 것으로 추정됩니다. 마치 앞서 이야기한 북극곰과 회색곰이 다시 만난 것과 유사한 사례인 거죠. 그렇게 만난 호모 사피엔스와 네안데르탈인은 대략 7000년간 서로 교류하고 지냈을 것이라는 연구 결과가 제시되기도 했습니다.

현생인류의 유전자에 남은 네안데르탈인의 흔적은 그때 이루어졌던 인연의 결과인 거죠. 물론 아프리카를 벗어나지 않았던 토착 아프리카인들의 후손은 네안데르탈인의 유전자를 거의 보유하고 있지 않겠죠. 네안데르탈인과 함께 가장 최근까지 생존했던 고대 인류인 데니소바인의 흔적 역시 현생인류의 DNA에 남아 있는데요. 주로 태평양 섬들과 동남아시아 주민들에게서 발견됩니다. 이처럼 인류의 진화는 우리가 어린 시절 학교에서 배운 것처럼 일직선으로 진화한 것이 아닙니다. 강의 지류처럼 나타났다가 합쳐지고, 또다시 갈라지는 등 복잡한 과정을 거쳤죠. 고대 인류가 어떤 사연으로 분리되고 다시 만나 인연을 만들고, 그러다가 모두 멸종하고 현생인류인 호모 사피엔스만 생존하게 되었는지를 생각하다 보면 정말 끝도 없이 상상의 나래를 펼치게 됩니다.

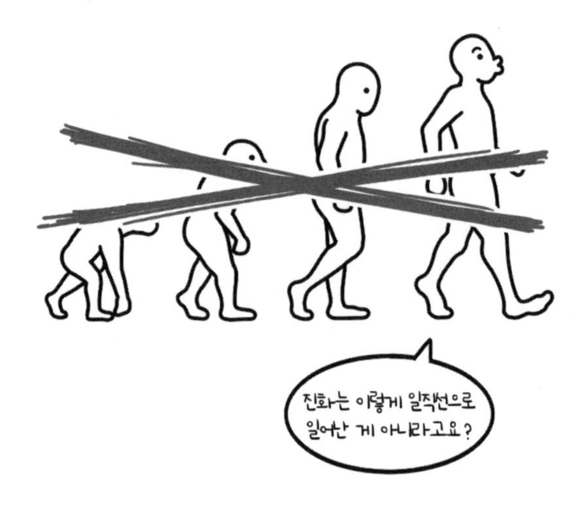

인간이 만든 기준에 따라 다른 종으로 분류된 개체들이 여러 원인으로 새롭게 만나 교배가 이루어지고 새로운 자손들이 탄생하는 일은 과거 생물 진화의 역사에서도 빈번히 일어났던 일입니다. 이를 영어로는 하이브리다이제이션hybridization이라고도 하는데요. 급격한 기후변화로 인해 서로 다른 종 간의 교배가 증가하면서 종의 경계라고 생각했던 것이 무너지고 지금까지 본 적

없었던 새로운 형태의 생물이 등장할 가능성이 있으며, 이는 생물 다양성에 영향을 미칠 것으로 추정할 수 있습니다. 환경이 급격하게 변하면 생물들이 적응하기 위해 더 빠르게 변할 수 있기 때문입니다.

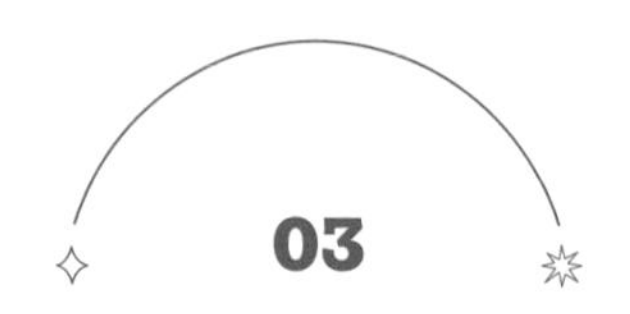

03

원숭이는 이제 구석기시대에 접어들었다고요?

✳

원숭이가 돌을 도구로 사용하는 영상을 본 적이 있습니다. 인류가 구석기에서 신석기, 청동기 시대를 거쳐왔던 것처럼 일부 영장류 동물 역시 이제 구석기시대에 접어들었다는 이야기가 있더라고요. 인간에게만 진화가 일어나는 것은 아닐 테니, 이것이 불가능한 일은 아닐 것도 같은데요. 그렇다면 언젠가는 〈혹성탈출: 새로운 시대〉(2024) 같은 영화처럼 우리보다 더 똑똑한 영장류가 나타날 수도 있을까요?

도구를 사용하는 동물들은 이미 많이 발견됐습니다. 수달의 한 종인 해달은 돌을 사용해 조개의 단단한 껍질을 부수고, 까마귀는 기다란 나뭇가지를 이용해 구멍 속의 애벌레를 잡아먹죠. 특히 주목할 만한 동물은 남미 대륙에 사는 카푸친원숭이(꼬리감는원숭이, 학명 *Cebus*)인데요. 돌을 망치처럼 사용해서 단단한 견과류의 껍데기를 부수는 데 사용하고 그 기술을 후

대에 전수까지 한다는 사실이 관찰됐습니다. 어떤 개체가 돌을 도구로 사용하는 시기를 '석기시대'라고 정의한다면 카푸친원숭이는 분명 석기시대에 살고 있다고 말할 수 있는 거죠. 2016년 10월 세계적인 과학저널《네이처》에 실린 논문에 따르면 카푸친원숭이는 돌을 도구로 사용할 뿐만 아니라 자신이 사용하기에 더 적합한 도구를 만들기까지 한다는 사실이 밝혀졌으니까요.

돌도끼를 만들어 쓰는 카푸친원숭이

*출처: 위키피디아

고대 인류가 사용한 석기는 초기의 올도완 석기와 이후 더 정교한 형태의 아슐리안 석기로 나뉩니다. 두 개의 돌을 맞부딪쳐 불규칙하게 부서지는 형태 중 알맞은 것을 골라 사용한 것이 올도완 석기이고 아슐리안 석기는 처음부터 크기와 모양새를 염두에 두고 다듬어서 사용한 것입니다. 사실 침팬지나 다른 여러 종의 원숭이가 돌팔매질하거나 돌을 사용해 견과류를 부숴 먹는 장면은 이미 종종 발견됐지만, 고대 인류가 올도완 석기를 만든 것처럼 단단한 재질의 돌을 골라내어 다른 돌을 반복해서 내리쳐 한쪽 면을 날카롭게 하는, 즉 도구를 만드는 장면이 관찰된 것은 카푸친원숭이가 최초입니다.

해당 논문을 게재한 연구팀이 카푸친원숭이의 서식지를 발굴한 결과 이들이 최소한 3000년 전부터 돌을 여러 모양의 도구로 활용해왔다는 사실을 밝혀냈습니다. 카푸친원숭이의 평균 수명을 기준으로 대략 450세대를 이어가며 돌의 형태를 바꿔가면서 도구로 사용해왔다는 이야기가 되는 거죠. 그렇다고 해서 이 원숭이들이 인류가 거쳐온 단계를 밟아가며 높은 지능을 발전시키고 고도의 문화를 이룰 수 있을지는 알 수 없습니다. 고대 인류의 구석기시대도 수백만 년 동안 이어지다가 겨우 1만 년 전에 신석기시대로 발전했으니, 진화의 역사에서 보면 카푸친원숭이가 3000년 동안 석기를 사용해온 역사는 매우 짧은 순간에 불과하니까요.

아주 머나먼 미래에 혹시라도 〈혹성탈출〉과 같은 장면이 펼쳐질지를 가늠해보려면 유전자에 기반한 진화보다는 사회문화적 진화 측면에서 살펴보는 것이 더 타당할 것 같습니다. 인류가 현재의 문명을 이룬 배경에는 언어나 문자를 통해 지식이나 가치, 믿음 등을 전달하거나 공유하고 이것이 축적되어온 문화의 진화가 생물의 진화를 압도했다고 생각하는데요. 물론 다른 주장도 있지만, 30개월 된 인간 아이와 침팬지를 대상으로 인지 능력을 검사해보니까 공간이나 수량, 인과관계 추론에서 대개 비슷한 성적을 보였고, 도구 활용 항목에서는 오히려 침팬지의 점수가 더 높았다고 합니다. 다만, 유독 사회적 학습 능력 항목에서는 인간 아이가 훨씬 더 높은 성적을 냈다는 실험 결과가 있습니다.

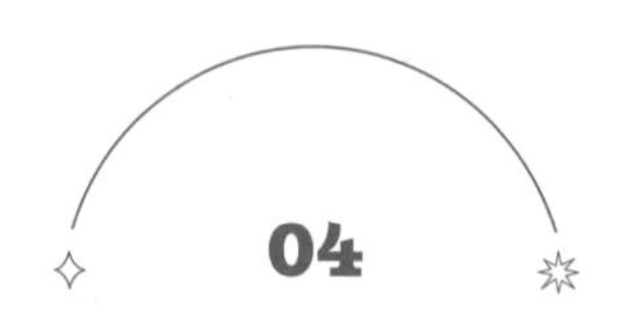

판다의 잘 알려지지 않은 비밀은?

✳

세계적으로 가장 사랑받는 동물을 하나 꼽으라면 판다가 절대 빠지지 않을 것 같은데요. 우리나라 사람들의 판다 사랑도 열기가 엄청납니다. 에버랜드에서 태어난 푸바오가 중국으로 가야 한다는 소식에 많은 사람이 눈물을 흘리며 안타까워하는 모습이 화제가 되기도 했죠. 그런데 판다가 곰이 아니라 너구리라는 말이 있던데요. 이게 사실인가요? 그리고 왜 그렇게 대나무만 먹는 건가요? 정말 궁금한 건, 푸바오는 우리나라에서 태어났는데 중국으로 꼭 보내야 하는 이유가 있나요?

판다는 곰이 맞습니다. 판다가 곰이 아니라 너구리과에 속한다고 오해하는 분들이 있습니다. 이러한 오해는 아마도 판다라는 이름을 가진 또 다른 동물에서 비롯된 것 같습니다. 바로 레서판다lesser panda인데요. 푸바오는 정확히는 대왕판다giant panda입니다. 영화 〈쿵푸 팬더〉(2008)에서 주인공으로 나

오는 푸가 대왕판다이고, 스승으로 나오는 시푸가 바로 레서판다입니다. 실제 레서판다의 모습을 보면 대왕판다 못지않게 귀여운 자태를 뽐내는데요. 생물학적 분류 체계상 이 레서판다가 예전에 미국너구리 과에 속한 동물이었습니다. 지금은 독립적으로 레서판다과로 분류하지만요. 이름이 같은 판다라서 대왕판다까지 이러한 오해를 받은 건데, 분명히 판다는 곰과에 속하는 동물이죠.

그렇다면 생물학적 분류 체계상 엄연히 다른 과에 속한 이 두 동물을 왜 판다라는 같은 이름으로 부를까요? 아마도 식성이 비슷해서일 거로 추정됩니다. 판다panda는 '폰야ponya'라는 네팔어에서 유래했는데 '대나무를 먹는다'라는 뜻이라고 합니다. 유럽인들이 대나무를 주로 먹는 작고 귀여운 동물을 처음으로 발견

한 뒤, 현지인이 부르는 이름을 본떠서 판다라고 기록했는데, 나중에 같은 식성의 거대한 동물이 또 발견되자 크기에 따라 '더 작은'이라는 뜻의 레서lesser와 거대한giant이라는 수식어를 붙여 구분한 것이죠.

귀여운 외모와 몸짓으로 인해 대왕판다가 그저 온순한 동물일 거라 생각하지만, 맹수의 본성을 지닌 곰이라는 사실엔 변함이 없습니다. 불안을 느끼거나 위협을 받으면 언제든지 공격성을 보일 수 있습니다. 식성 또한 원래는 다른 곰들처럼 육식과 채식을 가리지 않는 잡식동물이었죠. 소화기관을 보면 알 수 있습니다. 소, 낙타, 사슴 같은 초식동물은 식물의 주성분인 셀룰로스를 소화하기 위해 3~4개의 위가 있습니다. 하지만 판다의 소화기관은 다른 육식동물처럼 간단히 위장과 짧은 소장으로만 이루어져 있죠. 그렇다면 판다는 어떤 이유로 대나무가 주식이 되었을까요?

대략 600만 년 전의 기후변화로 먹잇감이 부족해진 것이 가장 큰 영향을 미쳤을 거로 추정됩니다. 처음에는 달리 먹을 것이 없어서 서식지 주변에서 흔하게 구할 수 있는 대나무를 먹기 시작했는데, 오랜 세월이 흐르면서 이빨이나 털의 구조, 소화기관 속의 미생물까지 대나무를 주식으로 살아갈 수 있도록 진화한 거죠. 그리고 이후에 다시 지구의 기후가 바뀌어 예전처럼 육식을 할 수 있는 환경이 조성됐지만 이미 고기 맛을 느끼는 미각

기능이 퇴화하여 대나무를 더 선호하게 되었다는 겁니다. 실제로 판다의 유전자를 조사해봤더니 고기의 감칠맛을 느낄 수 있게 해주는 체내의 TAS1R 수용체가 420만 년 전에 퇴화했다는 연구 결과가 발표되기도 했습니다. 그런데 흥미롭게도 2021년 중국에서 동물 뼈에 붙은 살점을 뜯어먹는 야생 대왕판다의 모습이 여러 번 목격되었습니다. 사실 대왕판다가 대나무를 주로 먹고 더 좋아하긴 하지만 설치류나 곤충 따위를 가끔 잡아먹기도 합니다.

대왕판다의 소위 '여섯 번째 손가락' 또는 '가짜 엄지'는 진화생물학의 대표적 상징으로 거론되곤 합니다. 대왕판다가 대나무를 먹는 모습을 보면 마치 사람처럼 대나무 줄기를 꼭 쥐고 이빨로 껍질을 벗겨내는데요. 대왕판다의 앞발 뼈를 살펴보면 마치 발가락이 6개인 것처럼 보입니다. 그중 사람의 엄지 역할을 하

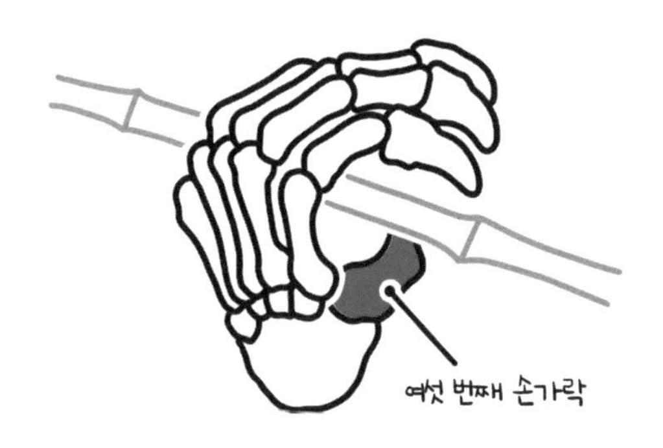

대나무가 주식이 된 육식동물 판다의 진화

는 하나가 원래 발가락을 만드는 뼈가 아닌데도 필요에 맞춰 길게 늘어나면서 대나무 줄기를 잘 잡을 수 있도록 진화했습니다.

푸바오를 중국으로 보내야 했던 이유는 전 세계 모든 대왕판다의 소유권이 중국에 있기 때문입니다. 중국은 모든 판다를 '대여'하는 형식으로만 해외에 내보내는데, 푸바오의 부모 역시 2014년 중국의 시진핑 주석이 방한하면서 빌려준 대왕판다 아이바오와 러바오입니다. 물론 중국이 오로지 소유권만을 내세우면서 대왕판다를 데려가는 건 아닙니다. 멸종위기종인 관계로 새로 태어난 대왕판다가 만 4세가 되기 전에 중국 쓰촨성 자이언트판다보전연구센터로 옮겨 짝을 찾아 번식을 시키고 보호하겠다는 거죠. 현재 전 세계의 대왕판다 개체 수는 겨우 2,500마리가량이고 실제 야생 대왕판다는 1,800마리에 불과하다고 합니다. 수백만 년이 넘는 세월을 지구 위에서 공존했던 이 경이로운 생명체가 멸종 위기라는 사실이 무척 안타깝습니다.

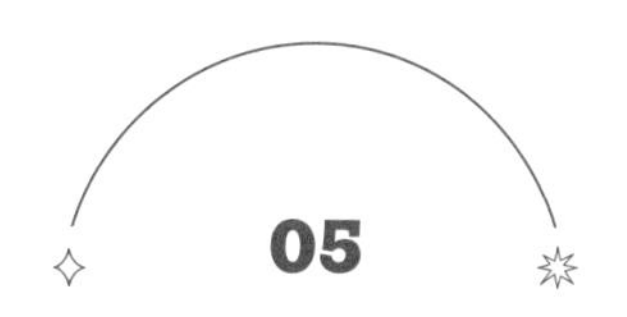

개는 어쩌다가 인간과 함께 살게 됐을까?

반려동물의 대표주자는 역시 개인데요. 주변에서 흔하게 마주치는 동물이라 마치 당연한 존재처럼 여기다가도, 엄연히 다른 종의 동물인데 어떻게 이렇게 인간을 좋아하고 주인에게 충성심을 보이는 건지 의아할 때가 있습니다. 생각할수록 신기하기 짝이 없습니다. 개는 도대체 언제부터, 어떤 인연으로 이렇게 인간과 친하게 지내게 됐을까요?

개는 늑대로부터 진화했는데요. 정확하게는 우리가 '이리'라고도 부르는 회색늑대의 한 계통에서 갈라져 나왔습니다. 그 시기는 지금으로부터 대략 2~4만 년 전쯤으로 추정하는데요. 인간과의 교류가 시작되면서 지금의 개로 진화한 거죠. 그런데 이 시기 자체가 우리에게 많은 해석의 가능성을 줍니다.

인류의 역사에서 마지막으로 빙하가 가장 많이 늘어났던 시기가, 즉 2만 년에서 2만 5000년 사이거든요. 쉽게 말해 마지막 최대 빙하기Last Glacial Maximum였던 거죠. 현생인류, 즉 호모 사피엔스도 대략 7만 년 전 무렵에 아프리카 대륙을 벗어나 전 세계로 퍼져 나갔고요. 그 과정에서 호모 사피엔스와 네안데르탈인 사이의 이종교배가 이루어졌는데, 공교롭게도 네안데르탈인이 멸종한 시기 역시 3만 년 전 즈음입니다. 그러니까 세상이 얼어붙으면서 개의 조상들이 먹이를 찾아 헤매면서 새로운 생존 전략을 찾아야 했는데, 그 시점에 호모 사피엔스가 대륙 곳곳으로 퍼져 나가고 있었던 거죠. 아마도 개의 조상들이 다른 먹을거리를 구하지 못해 인간이 먹고 버린 음식물 찌꺼기 같은 것들을 먹으면서 점점 가축화가 진행됐을 거로 봅니다. 인간 역시 수렵 활동에 개가 큰 도움이 된다는 것을 알고 적극적으로 먹이를 주며 길들이려 시도했겠죠.

네안데르탈인이 호모 사피엔스와의 생존 경쟁에서 살아남지 못하고 멸종한 원인은 지금도 정확하게 밝혀지지 않았습니다. 멸종 원인을 놓고 고고학계 등에서 질병이나 기후변화 적응 실패, 근친 교배, 소통 능력의 부족, 호모 사피엔스에 의한 학살 또는 이런 모든 요소가 복합적으로 영향을 미쳤다는 등의 다양한 학설이 존재하죠. 그중 하나의 가설이 바로 개와 관련이 있습니다. 호모 사피엔스가 네안데르탈인이나 다른 화석 인류와의 생존 경쟁에서 승리할 수 있었던 이유가 바로 개를 길들여서 동물 사냥을 잘하게 되었기 때문이라는 겁니다. 그로 인해 영양분을 충분히 섭취했을 뿐만 아니라 물리적 전투력 측면에서도 우위를 차지했을 거라고 보죠.

개는 1만 2000년 전부터 유럽과 동아시아에서
각각 가축화되기 시작했다는 연구 결과가 있다.

*출처: 과학저널 《사이언스》

2022년의 노벨 생리의학상은 독일 막스플랑크 진화인류학연구소의 스반테 파보Svante Paabo 박사에게 돌아갔는데요. 그는 오래전 멸종한 고대인과 현대인의 유전자를 비교하여 공통점과 차이점을 구분해내면서 고古유전체학이라는 새로운 과학 분야를 확립한 공로를 인정받았습니다. 그런데 이 고유전체학은 동물에게도 적용할 수 있거든요. 그래서 10만 년 전까지 거슬러 올라가면서 늑대의 화석에서 DNA를 뽑아 분석을 해봤습니다. '어느 지역의 어떤 늑대가 현재의 개와 가장 가까운 조상을 공유하는

가'라는 질문의 해답을 찾기 위해서였죠. 그랬더니 유라시아 동쪽의 추운 지역, 즉 시베리아 같은 곳에 살았던 늑대로부터 개의 계통이 분기됐을 거라는 결론이 나오고 있습니다. 흥미로운 사실은 우리나라가 있는 동아시아 지역에서도 개의 진화와 관련된 유전적 증거가 발견되고 있다는 거죠. 개와 가장 비슷한 유전자를 가진 현재의 늑대들이 발견되는 지역도 중국, 몽골, 일본 등이거든요. 그래서 이 지역 어딘가에서 처음으로 개와 인간이 만나고 서로를 길들이기 시작하지 않았을까 하는 주장이 제기됩니다.

늑대와 개는 유전적으로 아주 가까운 관계입니다. 개가 늑대의 아종亞種, subspecies이니까, 같은 종으로 분류됩니다. 특히 말라뮤트나 시베리안 허스키는 인위적인 교배를 통한 개량 과정을

늑대 VS 개

비교적 덜 겪어서 유전자뿐만 아니라 외모까지 늑대와 가장 닮았다고 평가받습니다. 우리나라의 진돗개나 일본의 시바견 역시 늑대와 유전적 유사도가 굉장히 높다고 합니다. 늑대와 개는 지금도 교배가 가능합니다. 그렇게 해서 태어나는 게 바로 늑대개wolfdog이고, 늑대개 역시 안정적인 생식 능력을 갖추고 있어서, 늑대와 개는 종의 분화가 인정되지 않고 모두 하나의 종으로 간주합니다.

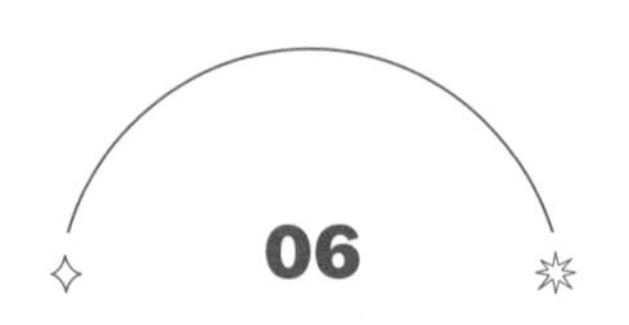

여우를 개처럼 길들일 수 있을까?

✳

개와 인류가 서로를 길들이고 함께 살게 된 이야기를 들으니, 야생의 어떤 사나운 동물이라도 우리와 친해질 수 있고 위험하지 않게 한집에서 살아갈 수 있지 않을까 하는 생각이 드네요. 유튜브 등의 SNS 숏폼 영상을 보면 사자 같은 맹수를 집에서 키우거나 맨몸으로 함께 뒹구는 장면을 쉽게 볼 수 있기도 합니다. 정말 다른 야생의 맹수 역시 온순한 반려동물로 길들일 수 있을까요?

이 질문과 관련된 매우 흥미로운 실험이 있습니다. 1952년 소련의 동물육종학자 드미트리 벨랴에프Dmitry Belyaev는 야생의 사나운 여우를 길들이는 실험을 시작했습니다. 당시 소련은 스탈린 독재 아래 엄혹한 시절을 보내고 있었는데요. 여우를 반려동물로 길들인다는 것은 사회주의나 공산주의 체제의 이념과는 어울리지 않는 발상이었습니다. 심지어 유전학

자체를 부르주아 과학이라며 배척했죠. 그래서 벨라예프는 이 실험을 위해 그럴듯한 핑계를 만들어내야만 했습니다. 당시 소련의 여우 모피는 품질이 좋아 전 세계적으로 인기가 무척 높았습니다. 벨라예프 역시 육종학자로서 다양한 색조와 감촉의 털을 지닌 여우 신품종을 개발해 소련 정부에 외화를 벌어주면서 인정을 받고 있었죠. 문제는 사나운 여우의 기질 때문에 관련 종사자들이 다치는 일이 종종 일어났다는 겁니다. 그래서 벨라예프는 여우를 온순하게 만들어 더 많은 모피 생산량을 얻는 데 도움을 주겠다는 그럴듯한 핑계를 만들어냈죠.

연구 결과는 무척 흥미로웠습니다. 무려 70년이 넘는 세월이 지난 지금까지도 이 실험이 계속되고 있는데요. 놀랍게도 여우가 개와 같은 특성을 보여주기 시작했습니다. 그리고 이렇게 길들이는 데 그리 오랜 세월이 필요하지도 않았습니다. 여우는 기

본적으로 1년에 1세대가 지나갑니다. 이렇게 세대가 바뀔 때마다 기질이 순한 애들만 골라서 교배를 한 거죠. 교배를 시작한 지 11년, 그러니까 여우 기준으로 11세대 정도가 흐른 1963년에 처음으로 마치 개의 행동처럼 사람을 보면 반가워서 꼬리를 흔들고 귀가 접히는 여우가 나타납니다. 1973년에는 사람의 행동에 반응하며 다양한 소리로 짖는 여우도 등장하죠. 생김새 역시 주둥이가 짧아지는 등, 좀 더 귀여운 모습으로 바뀌는 것이 관찰됐습니다. 인터넷상에서도 관련 영상을 쉽게 찾아볼 수 있는데요. 온몸으로 사람을 반기고 재롱을 떠는 여우의 귀여운 모습에 마음을 빼앗겨 한동안 눈을 떼지 못할 수도 있습니다.

독재자 스탈린이 죽고 소련 과학계의 분위기가 좋아지자 벨랴예프는 유전학연구소 소장이 됐고 대신 류드밀라 트루트Lyudmila Nikolayevna Trut가 책임자가 되어 연구를 계속 진행했습니다. 그녀는 『은여우 길들이기』라는 책에서 실험과 관련된 비하인드 스토리를 포함해 수십 년 연구의 성과를 흥미진진하게 풀어냈는데요. 그녀에 따르면 학자들은 연구의 정확성을 높이기 위해 공격성이 강한 여우들을 골라서 교배하는 실험도 함께 진행했습니다. 그 실험 또한 마찬가지로 세대가 반복될수록 기질이 더 사나워지는 것을 확인했다고 합니다. 당시 동물 행동학과 관련한 전 세계적 학계의 분위기는 유전적 요인을 강조하는 유럽의 생물학자들과 환경에 따른 교육적 효과를 강조하는 미국의 심리학자들이 치열하게 대립하는 중이었는데, 류드밀라는 이를 확인하기 위해 '교차양육', 즉 온순한 여우 어미의 배아를 사나운 여우의 자궁에 이식해서 공격적인 부모 밑에서 자라게 했습니다. 그 결과 여전히 온순한 행동을 보이는 것을 확인했죠.

류드밀라는 가장 온순한 여우를 골라 함께 생활하며, 여우가 사람이 사는 환경에서 정말 반려동물의 역할을 할 수 있는지를 확인했습니다. 일정 기간이 지나자 사람을 구분해서 인식하고, 친근한 사람은 스킨십을 통해 정서적 유대감을 표현하며 낯선 이로부터 보호하려는 반려견의 특성이 나타났죠. 유전적 계통과 더불어 환경적 요인이 동물의 행동 변화에 영향을 미친다는 사실을 구체적으로 증명한 것입니다.

여우뿐만 아니라 어떤 동물이든 적절하게 유전적 요인과 환경적 요인을 결합하여 수백 년, 수천 년, 수십만 년 동안 진화의 시간을 충분히 거친다면 인간과 사이좋게 지낼 수 있도록 서로를 길들일 가능성이 매우 크다고 생각합니다.

『은여우 길들이기』(필로소픽, 2018)는 유전학계에 큰 충격을 준 은여우 가축화 실험을 기록한 과학 논픽션이다.

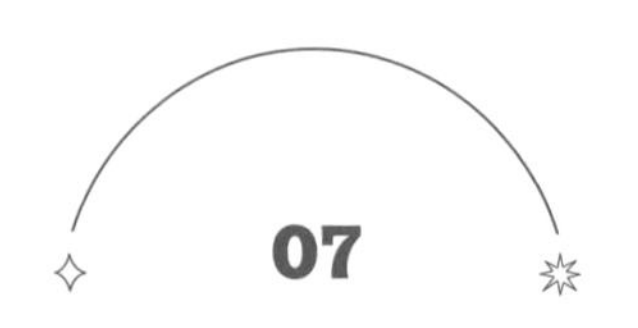

빙하 속 고대 생물을 복원할 수 있을까?

✳

지구의 극지방에는 오래전에 얼어붙은 빙하가 지금도 녹지 않고 많이 남아 있잖아요. 생명공학과 관련된 현대 과학 기술이 빠른 속도로 발전하고 있는 거로 아는데요. 만약 극지방의 빙하 속에 냉동 상태로 잘 보존된 고대 생명체가 있다면 DNA를 추출해서 다시 살려낼 수 있지 않을까요?

현대의 생명공학 기술로도 무척 어려울 것 같긴 합니다. DNA만으로 생물을 복원해낼 수는 없거든요. 예를 들어서 우리 인간의 DNA를 물고기의 수정란에 이식한다면 아무런 세포 분열이 이루어지지 않을 겁니다. DNA에는 생명체가 기능하는 데 필요한 다양한 기관과 구조를 만드는 정보가 들어 있습니다. 하지만 이 정보를 읽어내는 중요한 역할을 하는 다양한 단백질과 RNA들이 함께 이식되지 않으면, 그 정보가 제대로 작동하지 않습니다. 유전자 발현을 조절하는 물질인 이들이 없

으면 DNA에 있는 정보를 활용할 수 없기 때문에 생명체가 제대로 형성되지 못하는 것이죠. 유전자 조절 인자들도 세포 안에 있기 때문에, 우리가 빙하 속에 냉동 상태로 보존된 매머드의 세포에서 DNA를 성공적으로 추출하더라도 그 DNA만으로는 매머드를 다시 살려내기가 어렵습니다.

만약 냉동 보존된 상태가 정말 우수하고 매머드의 성별이 암컷이라면 복원 가능성이 어느 정도 커질 수 있습니다. 복원하는데 필요한 여러 중요 정보가 들어 있는 난자가 보존되어 있을 테니까요. 예전에 큰 주목을 받았던 복제 양 돌리의 탄생 과정에도 난자가 핵심적 역할을 했습니다. 수정란의 핵을, 복제하려는 양의 체세포로 치환하는 것이 가장 중요한 과정이니까요. 만약 A라는 양과 정확하게 유전자 정보가 같은 또 다른 복제 양 AA를 만들기 위해서는 먼저 양 A의 체세포에서 DNA를 추출해야 합니다. 그런 다음 다른 양의 난자를 구해 핵을 제거한 후 양 A의 핵DNA을 이식합니다. 그리고 난자가 배아 세포가 되어 분열을 시작하면 대리모 양의 자궁에 착상해서 출산하는 과정을 거칩니다. 만약에 제가 매머드를 복원하는 연구 프로젝트를 맡는다면 냉동 보존된 매머드의 핵을, 가능하다면 같은 메머드의 난자나, 이것이 불가능하다면 계통학적으로 가장 가까운 동물인 아시아 코끼리의 난자에 이식하는 실험은 해볼 만할 것 같습니다.

DNA가 냉동되어 있더라도 수만 년 단위의 시간이 흐르면 조

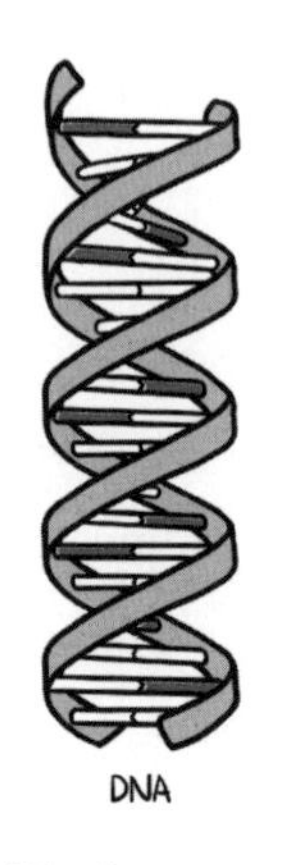

DNA에는 다양한 유전자가 위치해 있다.

각조각 끊어지고 분해됩니다. 동토층의 고대 바이러스나 미생물이 다시 살아났다는 뉴스를 볼 수 있는 건 세포 구성이 상대적으로 단순하기 때문입니다. 매머드와 같이 크고 복잡한 기관을 갖춘 생물의 DNA는 훨씬 손상되기 쉬운 거죠. 그래서 이를 복원하기 위해서는 조각난 DNA를 읽어서 전체를 다시 구성해야 합니다. 그런 다음에 이와 비슷하게 코끼리의 DNA를 바꾸는 건 가능할지도 모릅니다. 연구비가 어마어마하게 많이 들어가겠지만, 기술적으로 불가능하지는 않죠. 코끼리의 DNA를 매머드와 완전히 동일하게 바꾸는 건 쉽지 않겠지만 상당 부분 대체할 수는 있겠죠. 그러면 그만큼 매머드와 가까운 새로운 생명체가 탄생할 겁니다. 하지만 그 과정에서 시행착오를 무수히 많이 겪어야 할 테니까, 얼마나 많은 연구비가 필요할지 알 수 없습니다.

실제로 2024년 3월 《뉴욕타임스》에 매머드를 복원하겠다는 생명공학 기업의 뉴스가 보도됐는데요. 미국의 바이오 기업 '컬로설 바이오사이언스Colossal Bioscience'가 멸종된 털매머드woolly mammoth를 복원하기 위한 중요한 단계에 성공했다고 합니다. 이 회사는 털매머드와 유전적으로 가장 가까운 아시아코끼리의 줄기세포iPSC를 개발했다고 발표했는데요. 연구 대상이 된 아시아코끼리는 매머드와 가장 가까운 친척입니다. 아시아코끼리의 DNA는 아프리카 코끼리보다 털매머드와 더 비슷하다는 사실이 고유전체 연구를 통해 확인되었죠.

iPSC는 이미 분화된 체세포를 다시 줄기세포로 되돌린 세포로, 여러 가지 세포로 변할 수 있는 능력이 있는데요. 이 줄기세포에 털매머드의 유전자를 추가하여 털매머드와 비슷한 세포와

장기를 실험실에서 배양할 계획이라고 합니다. 이 과정을 통해 털매머드와 거의 같은 유전자를 가진 수정란을 만들고, 이를 아시아코끼리의 자궁에 이식해 2028년까지 '유사 털매머드'를 탄생시키는 것이 최종 목표입니다. 이 회사에서도 이번 줄기세포 개발이 매우 중요한 진전이긴 하지만, 아직 해결해야 할 일이 많다고 말합니다. 최종적으로는 이런 유사 털매머드를 북극 툰드라 지대에 방사하겠다고 하는데, 이렇게 복원한 코끼리가 진짜 털매머드는 아니어서 이러한 동물을 자연에 다시 방사하는 것에 대한 생명윤리적 문제가 제기될 수 있겠죠.

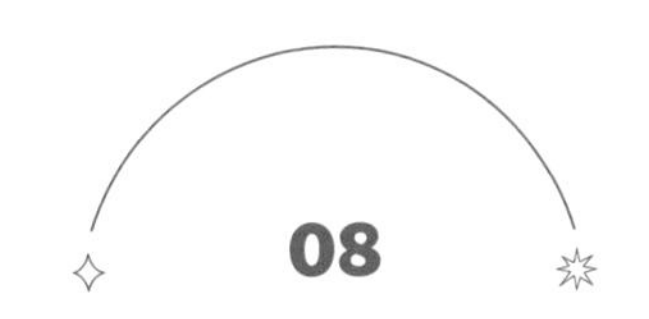

생명체가 폭발적으로 늘어났다고?

생물학에도 천체물리학의 빅뱅에 필적할 만한 사건이 있었다고 하던데요. 아주 오래전 어떤 시점엔가 동물의 종류가 갑자기 폭발적으로 늘어났고, 그때 현재 지구상에 존재하는 대부분 동물의 원형이라고 할까요, 말하자면 시조들이 생겨났다고 하던데, 왜 그런 일이 발생했는지 무척 궁금하네요.

우주의 진화에서 가장 중요한 한순간을 꼽으라면 아마도 빅뱅이겠죠. 마찬가지로 생물 진화의 역사에서 꼽으라고 한다면 캄브리아기 대폭발입니다. 고생대 캄브리아기가 시작하는 대략 5억 4000만 년 전, 생물 진화 역사의 단위에서 볼 때는 매우 짧은 기간인 약 2000만 년 동안 새로운 동물들이 무수히 많이 나타난 사건인데요. 그 이전까지는 생물 화석이 잘 발견되지 않고, 존재하던 것들의 생김새도 단순했습니다. 빨래판

이나 나뭇잎 모양으로, 이게 동물인지 식물인지 구별이 안 될 정도였어요. 주로 골격이나 껍데기도 없이 흐느적거리며 바닷속에서 살아가는 납작한 연체 생물들이었습니다. 호주 남부의 에디아카라 언덕에서 관련 화석이 많이 나와서 에디아카라 생물 군상이라고 부르는데요. 19세기부터 화석이 발견되기 시작했지만, 그때까지만 해도 상상하기 힘든 생김새여서 학계가 이를 받아들이는 데 시간이 꽤 오래 걸렸죠.

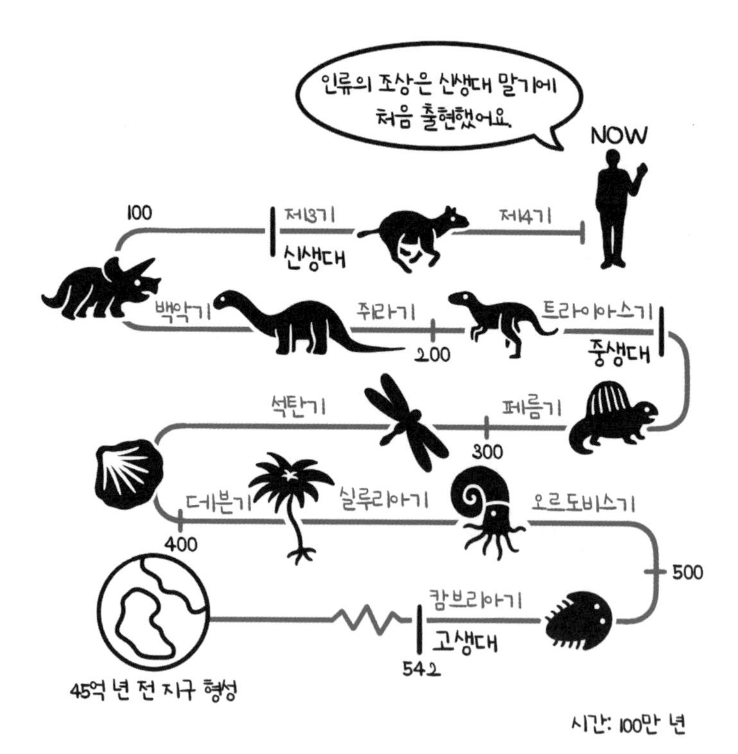

*출처: 미국 지질조사국(USGS)

캄브리아 대폭발 시기를 지나고 나면 현재 지구상에 존재하는 동물 문phylum 중 거의 대부분이 확립됩니다. 고등학교 때 열심히 암기했던 생물 분류 단계인 '계>문>강>목>과>속>종'이 있잖아요. 여기서 '계kingdom'는 식물계나 동물계, 원생생물계처럼 가장 큰 분류이고, 그다음 분류 단계가 우리 인류를 포함한 척삭동물문, 바퀴벌레 같은 절지동물문, 오징어 같은 연체동물문 등에 해당하는 '문'인데, 이 시기에 완성됩니다. 그 이후로는 새로운 동물 가문이 생기지 않았죠. 생물의 다양성은 점진적으로 증가해온 것이 아니라 마치 빅뱅처럼 이 시기에 폭발한 겁니다.

지구가 탄생한 이후 캄브리아 대폭발 시기까지 대략 40억 년이라는 오랜 세월이 흐르는 동안 손으로 꼽을 수 있을 만큼 적은 수의 문에 해당하는 동물들이 발생했다면, 불과 2000만 년 만에 수십 개 문에 해당하는 동물들이 폭발하듯이 생겨난 거죠. 그리고 그 이후 5억 년 동안 생물의 개별 종species 단위에서는 계속해서 분화하고 멸종하기도 했지만, 근본적인 얼개인 문의 구성 자체는 바뀌지 않았습니다.

그렇다면 캄브리아기가 시작되면서 무슨 일이 있었던 걸까요? 사실 이 질문이 고생물학이나 진화생물학에서 굉장히 중요한 주제입니다. 하지만 아직 모두가 동의하는 정답은 찾지 못했습니다. 현재 존재하는 여러 가지 가설 중 지지를 많이 받는 주장은 이 시기에 산소 농도가 급격히 증가하면서 더 크고 복잡한 생명체가 존재할 수 있는 지구 환경이 조성되었다는 것입니다. 산소호흡을 통해 이전보다 많은 에너지를 사용할 수 있었고, 생명체의 대사 활동이 촉진되면서 더 복잡하고 다양한 동물로 진화가 가능해졌다는 거죠. 이에 더해 화산 폭발 같은 지각 활동으로 칼슘 같은 다양한 무기질이 바닷속으로 흘러들어 가면서 딱딱한 껍질이나 골격을 만들 수 있었을 것이라는 주장도 있죠.

그 외에도 운석 충돌이나 초대륙 지각판 변동 등 여러 가설이 있지만, 제가 가장 흥미롭게 생각하는 주장은 눈과 관련된 '빛 스위치 이론'입니다. 이때쯤 눈을 지닌 동물들이 본격적으로 나타나기 시작하거든요. 그 이전에 살았던 생물들이 남긴 에디아카라 화석에서는 눈의 흔적이 발견되지 않습니다. 캄브리아기 대폭발 때 빛을 지각하는 구조인 눈이 발달하면서, 하나의 변화가 다른 변화를 계속 추동하고 이게 서로 대물림되는 이른바 '줄달음 선택runaway selection' 상황이 발생했다고 봅니다.

눈이 없을 때는 맛이나 냄새로 세상을 느낄 수 있을 뿐이어서 활동성이 크지 않았다면, 눈으로 세상을 볼 수 있게 되면서 행동 반경이 커지고, 그에 따라 당연히 사냥을 통해 먹잇감을 구하려는 행동도 적극적으로 할 수 있었을 겁니다. 멀리 있는 대상도 정확하게 위치를 파악해서 잡아먹을 수 있었겠죠. 그러면서 잘 잡아먹는 개체와 이를 잘 피해가면서 생존하는 개체들을 중심으로 자연선택이 이루어졌을 겁니다. 또 이 개체들끼리 생존 경쟁

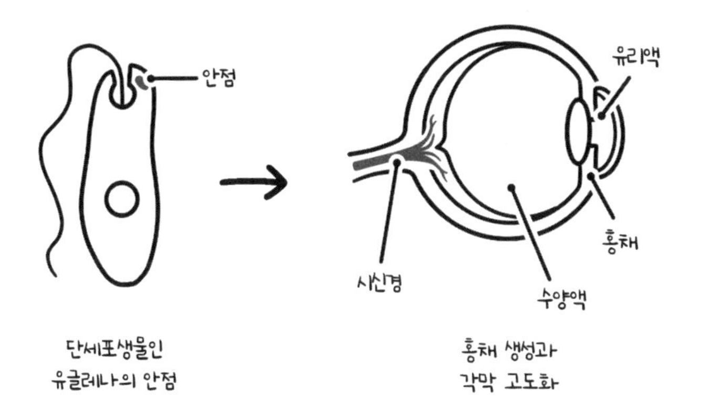

눈의 진화는 밝기만 감지하는 안점(eye-point)이라는
간단한 시각기관에서 시작해 여러 단계를 거쳐
인간과 같은 고도의 눈으로 발전해왔다.

을 하면서, 딱딱한 껍질이나 빠른 속도로 헤엄칠 수 있는 지느러미 같은 더 유리한 신체 구조를 가진 다양한 동물군으로 진화했을 겁니다. '빛 스위치 이론'은 이렇게 시각의 발달이 피식자-포식자 군비 경쟁을 촉진하여 동물들의 다양성과 복잡성을 증가시켰고, 캄브리아기 대폭발의 결정적인 원인이 되었을 거라고 주장합니다.

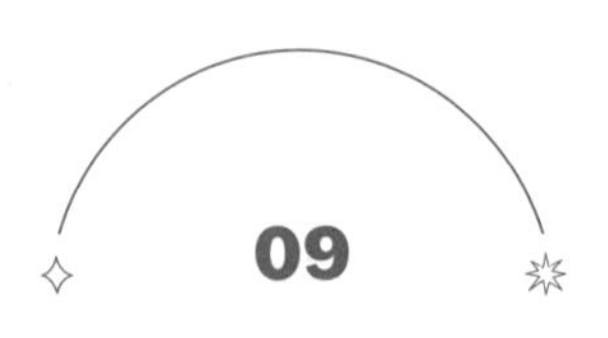

산소가 생물들을 멸종시켰다고?

✳

생물의 종류가 급격하게 증가한 캄브리아기 대폭발이 있었다면, 반대로 지구상의 거의 모든 생물이 소멸했던 대규모 멸종 사건도 여러 차례 발생했다고 하던데요. 지금 인류에게도 그런 일이 닥칠까 봐 무섭기도 합니다. 심지어는 기후위기 등의 영향으로 지구 생태계가 이미 새로운 대멸종 시대에 접어들었다는 뉴스도 본 적이 있는데요. 과거에는 무슨 이유로 그런 일이 일어났습니까?

지구 역사에서 최소한 70% 이상의 생물들이 대거 멸종했던 시기가 다섯 번 있었습니다. 이를 5대 생물 대멸종 사건이라고 부릅니다. 이 중 일부 대멸종은 지구 산소 농도의 변화와 직간접적인 연관이 있습니다. 흔히 산소 농도가 낮아지는 것만 위기 요인으로 생각하기 쉽지만, 급격히 상승하는 것 역시 당시의 생물들에게는 치명적인 요소가 될 수 있었습니다.

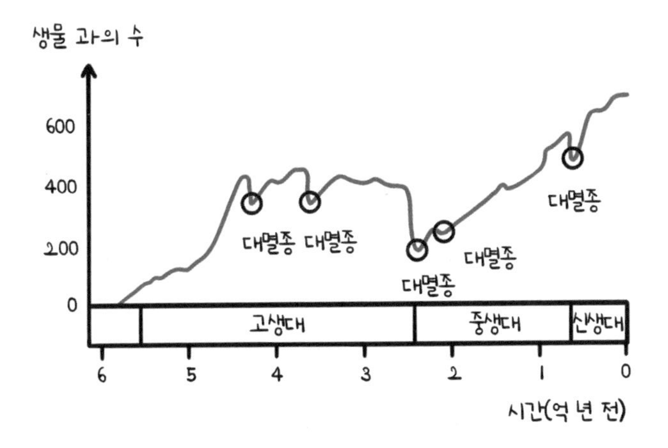

여섯 번째 대멸종은 언제?

다섯 번의 대멸종 한참 이전인, 약 25억 년 전 지구 대기에 산소가 급격히 증가한 대산소화 현상great oxygenation event이 발생했습니다. 처음 지구가 생성된 이후에는 다른 태양계 행성들과 마찬가지로 이산화탄소와 메테인, 질소 등이 대기의 주성분을 이루고 있었습니다. 기나긴 세월이 흐르면서 광합성 작용을 통해 산소를 생산하는 생물이 진화했고, 높은 반응성을 가진 산소는 다른 물질들과 결합해 황산염sulfate, $M_2^1SO_4$ 등의 형태로 바닷속에 존재했죠. 점점 바닷속 산소의 양이 늘어나자 어느 순간 대기 중 산소 농도 역시 급격히 상승했는데, 이를 대산소화 현상이라고 부릅니다.

이 현상은 당시 엄청난 생물 대멸종으로 이어졌는데요. 그때까지 대기 성분에 적응해 살아갔던 많은 생물(혐기성 박테리아와 아르케이아)에게 산소는 무척 위험한 물질이었습니다. 반응성이 높은 산소가, 즉 다른 원소와 쉽게 결합하여 산화시키는 산소가 당시 바다에 대량으로 공급되면서, 비유적으로 표현하자면 바다 전체를 거의 불태워버린 것과 다름없는 상황이 벌어졌죠. 그러면서 오히려 산소를 연소해 에너지를 만들어 생존하는 생물들이 진화하고 번성하게 됩니다. 바로 진핵생물이 그 주인공인데요.

세포는 핵이 있느냐에 따라 원핵세포와 진핵세포로 나뉘고 모든 생물 역시 원핵생물과 진핵생물로 나눌 수 있습니다. 원핵생물인 아르케이아나 박테리아 등의 미생물은 DNA가 세포질 속에 둥둥 떠 있습니다. 인류를 포함한 동물과 식물을 비롯한 진핵생물은 세포 내부에 핵이라는 구조를 가지고 있으며, 그 안에 DNA가 들어 있습니다. 진핵생물이 산소와 관련이 있는 이유는 세포 속에 미토콘드리아라는 세포소기관이 있기 때문입니다. 마치 소시지 모양으로 생겼는데, 산소를 연료로 에너지를 생산하는 발전소 역할을 하죠. 우리 몸속에는 대략 60조 개의 세포가 있고, 각 세포 속에 200여 개가 넘는 미토콘드리아가 있습니다. 흥미로운 사실은 미토콘드리아가 세포 안으로 포섭되어 길들여진 세균, 즉 박테리아라는 겁니다. 그래서 자기만의 DNA를 가지고 있고 스스로 분열해서 복제할 수도 있죠.

진핵세포의 산소호흡 원리를 재미있게 비유하자면 양봉업자가 꿀벌을 기르면서 꿀을 얻는 것처럼, 세포가 미토콘드리아를 기르면서 에너지를 얻는 거죠. 세포는 미토콘드리아에게 영양소를 제공하고 미토콘드리아는 세포에게 에너지를 공급하면서 세포 내 공생 관계가 이루어집니다.

대산소화 현상이 나타나면서 산소의 독성을 감당하지 못한 생물들은 도태되고, 산소를 이용해 더 큰 에너지를 만들어낼 수 있는 진핵생물들은 번성하게 된 거죠. 이렇게 대량의 에너지를 쓸 수 있게 되면서 많은 수의 세포로 이루어지고 더 복잡한 체내 기관을 가진 생물들이 탄생합니다. 즉 단세포 생물만 있던 세상에 다세포 생물이 등장한 거죠.

지구 대기의 산소 농도는 이렇게 생태계에 커다란 영향을 미

치는데요. 만약 산소 농도가 지금보다 상승한다고 가정하면 독수리보다 큰 잠자리나 고양이보다 큰 바퀴벌레가 나타날 수도 있습니다. 실제로 고생대 석탄기에는 메가네우라meganeura라는 이름의 거대 잠자리가 살았는데, 당시 대기의 높은 산소 농도와 관련이 있을 거로 추정됩니다. 현재는 대기 중 산소 농도가 21% 정도인데, 석탄기에는 30~35%에 달했다고 합니다.

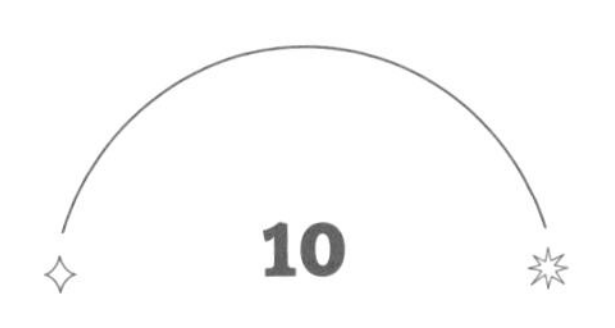

새는 정말 공룡일까?

*

공룡은 현대인에게도 낯설지가 않은 동물인데요. 특히 어린이들에게 인기가 많죠. 티라노사우루스나 벨로시랩터 같은 유명한 공룡들은 저도 알고 있습니다. 그런데 실제로는 수천만 년 전에 멸종되어 지금은 지구상에 존재하지 않는 동물이라는 걸 생각하면 이런 현상이 참 신기하기도 합니다. 아마도 화석으로 확인되는 거대하고 신기한 생김새나 〈쥬라기 공원〉(1993) 같은 인기 영화 덕분이겠지요. 그런데 우리 주변에서 흔히 볼 수 있는 새가 공룡의 후손이라는 놀라운 이야기를 들었는데, 정말인가요?

결론부터 이야기하면, 새는 공룡입니다. 그러니까 새, 즉 조류가 공룡의 후손이라고 말하는 건, 마치 인간이 포유류의 후손이라고 말하는 것처럼 잘못된 표현이죠. 인간이 포유류이듯이 새도 그냥 공룡인 겁니다. 정확하게는 깃털을 가진 수각류 공룡인데요. 예를 들어 닭도 조류이니까 공룡이라 할

수 있고, 달걀은 공룡 알인 거죠. 그리고 우리는 프라이드 공룡을 야식으로 즐겨 먹고 있는 셈이고요. 공룡까지 잡아먹는 인류는 정말 지구 역사상 가장 무시무시한 포식자죠.

대개는 공룡이 지금으로부터 6600만 년 전인 중생대 말 백악기에 멸종한 것으로 알고 있는데, 그중 한 갈래가 살아남아 1만 종이 넘는 조류로 진화했습니다. 실제 종의 수만 본다면 오늘날 더 많은 종류의 공룡이 사는 셈이죠.

시조새는 놀랍게도 현재 조류의 직계 조상이 아닙니다. 1억 5000만 년 전의 깃털 화석이 처음 발견되고 잇달아 깃털의 주인인 시조새의 화석이 나타나자 당시에는 시조새가 공룡에서 진화한 현재 조류의 조상일 거로 생각해 '시조새'라는 이름을 붙였죠. 하지만 최근 연구 결과에 따르면 시조새는 깃털이 달린 공룡인 것은 맞지만 현재의 조류와 직접 이어지는 계통이 아니라 허

공을 활강하거나 하늘을 날려고 시도하던 수많은 공룡 종류 중 하나의 가지일 뿐 실제 자유로운 비행을 하지도 못했던 것으로 추정합니다. 공룡의 비늘이 깃털로 진화한 이유도 애초에 비행이 아니라 짝짓기를 위해 이성을 유혹하거나 체온 유지를 위해서라고 짐작하고 있죠. 실제 현대 조류의 조상은 시조새와 벨로키랍토르를 포함하는 마니랍토라Maniraptora 공룡 군이라는 학설이 다수의 지지를 받고 있습니다.

공룡은 약 2억 3000만 년 전 중생대 트라이아스기 후반에 처음 나타나서 쥐라기와 백악기까지, 지금까지의 인류보다 훨씬 오랜 기간을 지구상에서 가장 번성했던 동물입니다. 인류는 기껏해야 수백만 년의 역사를 가지고 있는데, 공룡은 무려 1억 6000만 년 동안 지구를 지배했죠. 그리고 공룡 역사의 후반부에 출현한 새의 조상과 그들의 후예는 무려 1억 년 가까이 생존하며 진화를 거듭하고 있습니다. 그리고 하늘을 나는 익룡이나 물

벨로키랍토르 같은 마니랍토르가 현대 조류의 조상이다.

속에 사는 어룡 역시 공룡으로 아는 사람들이 많을 텐데요, 사실 이 동물들은 공룡으로 분류되지 않습니다.

공룡이 다른 동물과 구분되는 신체 구조상 가장 큰 특징은 골반과 다리뼈의 연결 구조입니다. 공룡은 골반에 구멍이 나 있고 허벅지 뼈 위쪽, 그러니까 대퇴골이 둥그런 모양으로 구멍 속에 플러그처럼 끼워져 있습니다. 또 무릎이나 발목 관절의 생김새가 지금의 파충류와 달리 비스듬하지 않아 다리가 몸 아래로 곧게 뻗어 있죠. 그래서 옆걸음질을 하는 건 어렵고 앞뒤로는 힘있게 움직일 수 있습니다. 현재 조류의 골반도 같은 구조로 이루어져 있습니다.

공룡에 관한 새로운 연구는 지금도 활발하게 진행되고 있는데요. 처음 공룡 화석이 발견됐을 때 골격으로 추정한 생김새나 알을 낳는 등의 생태가 현재의 파충류와 매우 닮아 있어서 당시 과학자들은 큰 의심 없이 공룡이 중생대에 살았던 파충류라고 생각했습니다. 하지만 최근 연구의 결과는 다른 이야기를 하고 있는데요. 공룡이 온혈동물일 가능성을 제기하고 있죠. 냉혈동물인 파충류는 체온을 유지하기 위해 햇볕을 쬐곤 하는데, 일부 공룡은 덩치가 너무 커서 그럴 수가 없는 데다가 위에서 말했듯이 다리 구조도 다를뿐더러 특히 공룡의 뼈에는 온혈동물에게만 있는 하버스관haversian canals이라는 혈관이 발견되기 때문입니다.

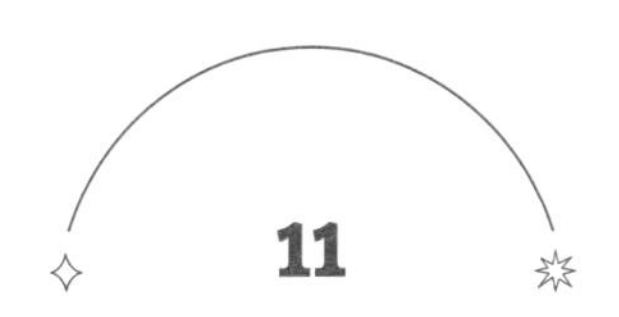

해파리는 수억 년 전부터 살았던 고대 생물?

✳

최근 여름이면 우리 바다에 해파리가 넘쳐난다는 뉴스가 종종 보도됩니다. 실제 뉴스 영상을 보면 어부들의 그물에 물고기는 없고 바닷물을 가득 머금은 해파리들만 그득하더라고요. 또 해수욕장에서 해파리 독침에 쏘인 어린아이가 사망하는 안타까운 일도 있었고요. 생김새도 정말 기괴하죠. 도대체 해파리는 언제부터 지구 바다에 나타난 생명체인가요?

놀랍게도 해파리는 현재 지구상에 존재하는 모든 동물군 중에서 가장 오래전부터 살았던 고대 생물 중 하나입니다. 우리에게 익숙한 다른 동물들은 대개 5억 4000만 년 전 고생대의 첫 번째 시기인 캄브리아기부터 화석이 발견됩니다. 그런데 해파리는 그 이전에 살았던 지금의 동물들과는 완전히 다른 생김새의 에디아카라 동물군의 화석에서도 발견되거든요. 또한 몸의 구조도 인간처럼 좌우대칭bilateral symmetry 동물이 아

니라 방사대칭raidal symmetry 동물입니다. 몸을 반으로 나누었을 때, 좌우만 바뀐 두 개의 같은 모양이 되는 좌우대칭 동물과 달리 방사대칭 동물은 둥그런 피자를 자를 때처럼 중심점을 기준으로 여러 개의 같은 모양으로 나눌 수 있습니다. 좌우나 앞뒤를 구분할 수도 없죠.

고생대 캄브리아기 이전에도 살았다는 해파리.

해파리는 독침으로 사람을 찌르기도 하고 왕성한 번식력으로 어업에 피해를 주기도 하지만 스스로 빛을 발산하는 아름다운 자태와 불가사의한 생태를 보이는 신비로운 동물이기도 합니다. 몸통은 삿갓 모양이고 독침이 배열된 기다란 촉수와 먹이를 잡아 입으로 넣을 때 사용하는 입팔oral arm이 있습니다. 특히 촉수에 있는 작살 모양의 독침을 자세포刺細胞, cnidocyte라고 부릅니다. 누군가를 찔러 죽이는 일을 하는 사람을 우리가 자객刺客이라고 부르는데, 찌른다는 뜻의 한자 '자刺'를 붙여 '찌르는 세포'라는 뜻으로 붙인 이름이죠.

해파리는 대표적인 무척추동물로서 신경세포가 몸 전체에 그물처럼 상당히 균일하게 퍼져 있는 신경망nerve net을 지니고 있습니다. 뇌와 같은 중추신경계가 없고, 혈액이나 심장도 없습니다. 생존을 위해 독침을 쏘고 먹이를 잡아먹는 일도 각 신체의 신경 단위에서 자율적으로 이루어지죠. 무척 지능이 높다고 알려진 문어 역시 신경세포의 70% 가까이가 다리와 몸에 있어서 뇌와 상관없이 자율적으로 판단하고 행동하거든요. 최근 연구에서는 뇌가 없는 동물인 해파리도 과거의 실수나 경험으로부터 새로운 행동 패턴을 학습할 수 있음이 밝혀졌습니다. 특히 네모난 삿갓 모양에 전신에 24개의 눈을 가진 상자해파리가 장애물의 위치를 기억해서 피해 다니는 모습이 관찰되었습니다. 이는 고도의 학습 능력이 반드시 중앙집중식 뇌를 통해서만 가능하다는 기존의 상식을 뒤집는 중요한 증거인 거죠.

크기도 밀리미터 단위의 아주 작은 것부터 2*m*를 넘는 것까지 무척 다양한데요. 사자갈기해파리는 촉수까지 포함해서 최대 30*m*까지도 자랍니다. 하지만 해파리는 스스로 헤엄칠 수 있는 능력이 아주 미미합니다. 근육이 겨우 삿갓을 펄럭이는 정도로만 발달합니다. 그래서 실험실이나 수족관에서 키울 때 물의 흐름을 만들어주지 않으면 가라앉아서 죽어버리고 말죠.

해파리 역시 암컷과 수컷이 있습니다. 아쿠아리움에서 해파리를 관리하는 전문 사육사들은 생김새만 보고도 해파리의 성별을 구분하더라고요. 수정이 이루어진 알은 플라눌라planula라고 불리는 유생이 되어 달라붙을 곳을 찾아 헤엄쳐 갑니다. 홍합 껍데기나 폐그물 같은 곳에 달라붙어 관 모양의 폴립polyp 형태가 되는데, 이때 무성생식을 통해 개체 수가 급격히 불어나 군집을 이루죠. 이 폴립이 스트로빌라라는 단계가 되면 해파리 새끼인 에피라 구조를 형성하는데, 완성된 에피라가 하나씩 떨어져 나가서 성장하면 우리가 아는 해파리 성체, 즉 메두사가 됩니다. 그리고 각 종마다 조금씩 차이가 나지만, 바닷가에서 흔히 보이는 보름달물해파리의 경우 1년 내외의 수명으로 살아가다가 번식

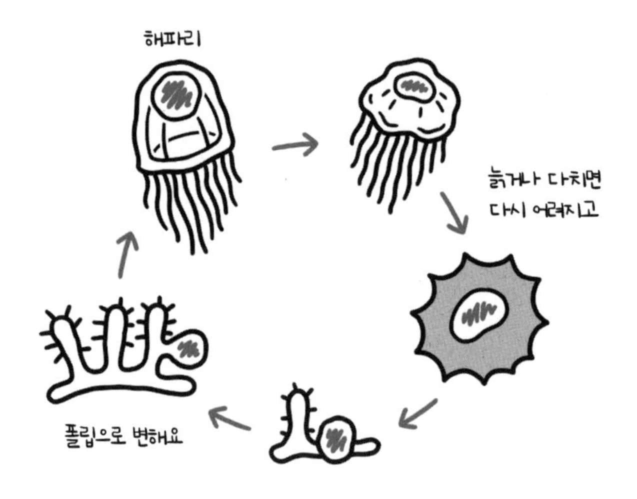

작은보호탑 해파리의 일생

이 끝난 뒤 죽는데, 특이하게도 작은보호탑 해파리는 먹이가 부족해지거나 수온이 변하는 등 생존 환경이 악화하면 촉수를 몸 안으로 말아 넣고 폴립 형태로 돌아갑니다. 그리고 새로운 세포를 형성해 어린 해파리로 다시 태어난다고 합니다. 즉 생물학적으로 볼 때 사실상 노화를 거슬러 영원히 살아갈 수 있는 셈이죠.

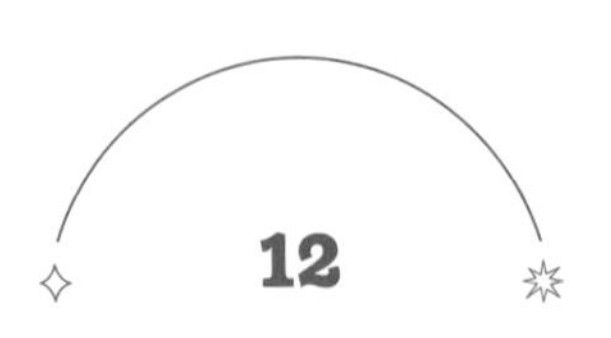

해파리의 독침을 피할 수 없는 이유는?

✳

세포 자체에 작살이 들어 있다는 건 정말 신기합니다. 뭐랄까, 태어나면서부터 암살자의 초능력을 가진 사냥꾼 같은 느낌이네요. 우리는 해수욕장에 가거나 바닷가를 산책할 때 가끔 해파리를 만나곤 하는데요. 만져도 괜찮은 게 있는가 하면, 또 어떤 해파리는 따가운 느낌으로 욱신거리다가 빨갛게 발진이 생기기도 하더라고요. 안전하게 해파리의 독침을 피하는 방법은 없을까요?

자세포가 해파리에게만 있는 건 아닙니다. 자세포를 가진 동물들을 자포동물이라고 부르는데요. 말미잘, 산호, 히드라 등이 여기에 속합니다. 자포에는 정말로 화살촉 모양의 독침이 들어 있는데, 우리가 물고기를 잡을 때 사용하는, 기다란 줄이 연결된 작살과 같은 형태를 떠올리면 됩니다. 평상시에는 스프링처럼 감겨 있다가 자세포의 맨 끝에 달린 방아쇠에

무언가가 닿으면 뚜껑이 자동으로 열리면서 독침이 발사됩니다. 그러니까 해파리의 촉수가 피부에 스쳤다면 이미 무수히 많은 독침에 쏘인 이후겠죠.

우리나라의 해변에서 가장 흔하게 발견되는 보름달물해파리는 독성이 무척 약해서 대개는 아무런 증상이 나타나지 않지만, 사람에 따라 두드러기가 나기도 합니다. 반면에 최근 우리 해안가에서 무섭게 번식하는 노무라입깃해파리에게 쏘이면 발열, 근육 마비, 쇼크 증상 등이 나타날 수 있는데, 경험자의 표현을 빌리면 '전기가 흐르는 채찍에 맞는' 고통이 느껴진다고 합니다. 2012년에는 어린이 사망 사고가 발생했을 정도로 독성이 강하죠. 그러니까 일단 해파리가 보이면 종류를 가리지 말고 무조건 조심하는 것이 상책입니다.

정말 특이한 방법으로 사냥을 하는 해파리도 있는데요. 맹그

로브 숲과 관련이 있습니다. 맹그로브는 바닷물 속에 뿌리를 뻗고 자라기도 하는데요. 맹그로브 숲이 형성된 바다는 풍부한 먹이로 수중 생태계가 발달해서 스노클링을 즐기는 사람들이 많은데, 이들 중 일부가 특이한 경험을 합니다. 물속에서 무언가와 접촉한 적이 없는데도 피부가 불쾌하게 따끔거리는 일이 자꾸 발생했던 거죠. 원인을 알 수 없어 맹그로브 숲이 있는 바닷물을 'stinging water(찌르는 물)'이라고 이름만 붙이고 말았는데, 2020년 한 연구진이 맹그로브 숲의 물속에서 해파리가 발사한 '기뢰'들을 발견합니다. 기뢰는 바다에서 적의 함선을 파괴하기 위해 물속이나 수면에 띄워놓은 폭탄인데요. 쉽게 이해하자면, 땅에 설치하는 것이 지뢰이고, 물에 풀어놓는 것이 기뢰인 거죠.

대개 해파리의 자세포는 실제 접촉이 이루어져야 독침을 발사합니다. 하지만 맹그로브 숲의 바다 밑에 사는 해파리는 마치 기뢰를 살포하듯이 자세포가 가득 들어 있는 점액질을 띄워 올려 원격으로 사냥을 합니다. 작은 새우 같은 생명체는 영문도 모른 채 자세포의 독침에 쏘여 바닥에서 기다리는 해파리의 먹잇감 신세가 되죠. 이 해파리는 생김새도 우리에게 익숙한 모양이 아니라 우산 형태의 머리가 바닥을 향하고 촉수와 입팔이 마치 해초처럼 위를 향한 뒤집힌 모양인데요. 그래서 업사이드다운 해파리upside-down jellyfish라고 부르기도 합니다.

이 해파리의 학명이 '카시오페아 자마카나*Cassiopea xamachana*'

머리가 바닥 쪽에 있는 업사이드다운 해파리.

입니다. 카시오페아는 그리스 신화에 나오는 에티오피아 여왕인데 신을 화나게 한 벌로 밤하늘에 거꾸로 매달린 별자리가 되었다고 합니다. 그래서 이 업사이드다운 해파리에게도 카시오페아라는 이름을 붙인 거죠. 카시오페아 해파리가 뒤집혀 있는 또 다른 이유가 특별한데요. 보통 해파리들은 사냥으로 먹이를 잡아먹는 동물성 해파리인데, 카시오페아 해파리는 광합성을 하는 조류와 공생 관계를 이루어 에너지를 받아먹고 사는 식물성 해파리거든요. 쉽게 말해 볕이 잘 드는 물바닥에 자기 몸을 일종의 아파트 단지로 제공해서 광합성을 하는 조류에게 방을 빌려주고 월세로 에너지를 나눠 받는 거죠.

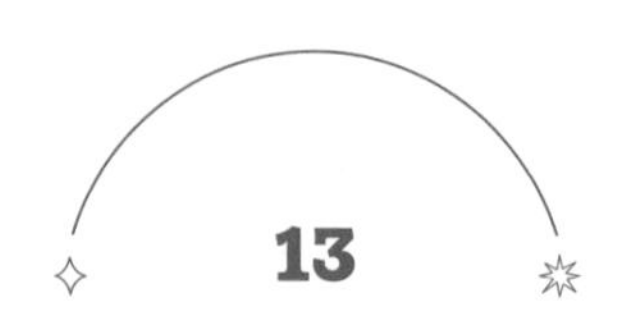

암흑산소가 생명의 기원을 바꿀까?

*

우주에는 암흑물질이나 암흑에너지라는 게 있잖아요. 그런데 생물학 분야에도 '암흑산소dark oxygen'라는 말이 또 있더라고요. 암흑이라는 말이 붙으면 일단 무척 신비롭고 무언가 비밀스러운 느낌이 듭니다. 실제로 암흑물질이나 암흑에너지는 우주에 존재하긴 하는데, 도대체 그 실체를 규명할 수 없어서 암흑이라는 접두어가 붙은 거로 아는데요. 암흑산소는 또 어떤 산소이길래 그렇게 불리는 겁니까?

보통 지구에서 산소가 만들어지는 과정에서 가장 중요한 작용이 광합성이잖아요. 땅 위의 식물이나 바다의 식물성 플랑크톤, 조류 등이 이산화탄소를 흡수해서 햇빛으로 물과 반응을 일으켜 산소와 포도당을 만드는 것이 광합성이죠. 우리는 이렇게 태양 빛이 있어야 산소가 만들어진다고 알고 있는데, 암흑산소라는 이름은 태양 빛이 없는데도 불구하고 아주

어두운 곳에서도 산소가 만들어질 수 있다는 의미로 붙여진 이름입니다. 이렇게 암흑산소가 화제가 된 것은 빛이 도달하지 않는 태평양의 아주 깊은 심해에서 산소가 만들어지고 있다는 연구 결과 때문입니다.

암흑산소가 만들어지는 원리는 우리가 흔히 사용하는 건전지, 즉 화학전지와 비슷합니다. 원자나 분자가 전자 하나를 얻어 에너지준위가 낮아지면서 방출하는 에너지의 정도를 전자친화도라고 하는데요. 이 전자친화도가 서로 다른 두 금속이 전자가 돌아다닐 수 있는 어떤 용매 안에 함께 있으면 자연스럽게 전기가 만들어지는 작용이 이루어집니다. 초등학교 때 귤을 이용해서 전구에 불이 들어오게 하는 전류 실험을 한 적이 있을 텐데요, 바로 이 원리 때문에 가능한 겁니다. 심해에 전자친화도가 다른

수심 4000m, 산소를 생산하는 암석

여러 금속으로 이루어진 덩어리들, 즉 다금속 단괴들이 금속 간의 전위차로 인해 전압이 생겨서 전기가 흐르고, 이로 인해 물이 전기분해되면서 산소가 만들어진다는 거죠. 이번 연구로 발표된 논문을 보면, 아주 깊은 바닷속에 이런 다금속 단괴가 예상보다 훨씬 많이 존재할 가능성이 있다고 합니다. 생물학에서 암흑산소가 중요한 이유는 심해처럼 산소가 거의 없는 환경에서 생명체가 살아남을 수 있는 최소한의 산소 공급이 이 과정으로 가능할지 여부와 관련이 있습니다.

지구의 산소 농도가 급격하게 상승한 건 지금부터 대략 25억 년 전인데요. 생물 진화사에서는 대산소화 사건이라고 부릅니다. 이때 대기 중의 산소가 급격하게 상승했던 사실이 현재 토양 지층이나 단층에서 확인이 되거든요. 그 이전까지는 바다 생물들이 산소가 희박한 조건에서 살다가 갑자기 다른 물질과 반응성이 굉장히 강한 산소가 급증했고, 이로 인해 바다가 완전히 불타는 듯한 효과가 발생하면서 많은 생물이 멸종했을 거로 추정됩니다. 만약 심해에서 암흑산소가 발생했다면 그곳에 새로운 생물이 살 수 있는 환경이 갖춰지는 것뿐만 아니라 이미 살고 있던 생물들을 죽였을 가능성 역시 있다고 생각합니다. 특히 생명의 안정성을 위협하는 활성산소의 효과는 잘 알려져 있죠.

관련 논문에서 주장한 내용은 아니지만, 암흑산소는 제가 개인적으로 품고 있던 의문점을 해결할 실마리가 될 수 있다고 생각하는데요. 인간은 진핵생물입니다. 원핵생물은 세포에 핵이 없고 진핵생물은 핵이 있죠. 진핵생물의 특징 중 하나가 산소를 이용해서 많은 에너지를 만들어낼 수 있다는 점입니다. 이를 산소호흡이라고 하는데요. 생물학자들이 말하는 산소호흡은 우리가 입으로 숨을 쉬는 것과는 다릅니다. 이는 세포 안에서 일어나는 과정으로 마치 자동차가 연료를 산소와 반응시켜 불태워서 동력을 얻는 것과 같은 방식으로 영양소를 산소로 불태워서 에너지를 생산하는 것을 의미합니다. 이런 산소호흡이 가능한 이유는 세포 내에 박테리아와 비슷한 세포소기관이 있기 때문인데요. 바로 미토콘드리아입니다. 세포 내에 미토콘드리아가 있는 이유는 세포 내 공생이라는 굉장히 특수한 진화적 사건을 통해 이루어졌습니다. 그런데 이 사건이 일어난 시점이 앞에서 말한 대산소화 사건 직후라는 거죠.

당시에는 진핵생물이 존재하지 않았습니다. 박테리아, 즉 세균 가문과 아르케이아archaea(고세균) 가문으로 이루어진 단세포 생물들만 있었고, 그중 아스가르드라고 불리는 고세균 가문이 있었습니다. 바로 북유럽 신화에도 등장하고 마블 영화에도 나오는 그 이름인데요. 이런 이름이 붙은 이유는 이 아스가르드 고세균이 처음 발견된 장소가 북유럽 부근 대서양의 '로키의 성 Loki's Castle'이라고 불리는 심해 열수구•였기 때문입니다. 아스가르드 가문의 왕자인 토르의 동생이 로키라서 그런 이름들이 붙은 거죠. 그런데 이 아스가르드 고세균이 인간의 DNA와 가장 가까운 단세포 원핵생물인 사실이 밝혀졌습니다. 그리고 이 아스가르드 가문에 속해 있던 고세균이랑 산소를 이용해서 호흡을 할 수 있는 알파프로테오라는 박테리아 가문이, 그러니까 원래는 같은 가문이었는데 몇십억 년 동안 갈라져서 따로 살다가 갑자기 하나가 다른 세포 안으로 들어가서 함께 살게 된 거죠. 바로 진핵세포가 탄생한 순간입니다.

왜 두 가문이 갑자기 결합했을까요? 25억 년 전쯤에 남세균의 일부가 광합성을 하는 방식을 바꾸어 산소를 생성하기 시작합니다. 그러면서 산소가 급격하게 늘어나게 됐고 바닷물의 산소 농도 역시 올라갔죠. 바다에 생존하던 생물들이 대거 멸종했는데, 이 위기가 진화의 방아쇠가 되어 두 가문이 합쳐졌고, 그렇게 진화한 진핵세포가 진핵생물로 이어진 거죠.

여기서 다시 근원적인 질문이 생깁니다. 도대체 왜 알파프로테오 박테리아는 그 이전부터 산소호흡을 할 수 있었을까요? 다

• 심해 열수구는 해저 화산 활동을 통해 생성되는 해양 지형으로, 깊은 바닷속에서 뜨거운 물이 분출되어 해양 생태계에 독특한 환경을 제공한다. 일반적으로 해양 대륙판의 경계에서 발견된다.

른 생물은 산소가 급증했을 때 대응 능력이 없어서 대거 멸종했는데, 알파프로테오 박테리아는 왜 그 이전부터 산소호흡 능력을 갖추고 있었을까요? 이번 암흑산소와 관련된 논문을 봤을 때 이 질문들에 대한 해답을 얻을 수도 있겠다는 생각이 들었습니다. 더구나 아스가르드 고세균이 발견된 곳이 '심해' 열수구였으니까요. 만약 알파프로테오 박테리아 역시 심해에서 암흑산소가 풍부하게 만들어지는 곳에서 살고 있었다면 대산소화 사건 이전에도 산소의 독성을 중화하거나 해독하면서 호흡할 수 있는 능력을 갖추고 있었을 가능성이 있잖아요.

예전에는 암흑산소가 아니라 광합성으로 발생한 산소가 증가해서 이에 대응할 수 있도록 박테리아가 진화했고 진핵생물로 이어졌다는 학설이 주류였습니다. 그런데 문제는 아스가르드 고세균은 심해에서 발견된다는 거죠. 그리고 심해는 산소가 희박해서 이 만남이 어떻게 이루어질 수 있을까 하는 의문이 있었는데, 암흑산소가 이러한 의문을 해결할 실마리가 될 수 있다고 생각합니다. 만약 암흑산소가 풍부한 심해에서 산소호흡을 하는 박테리아가 발견된다면 이는 단순한 가설에서 한발 더 나아간 이론으로 발전할 수도 있겠죠.

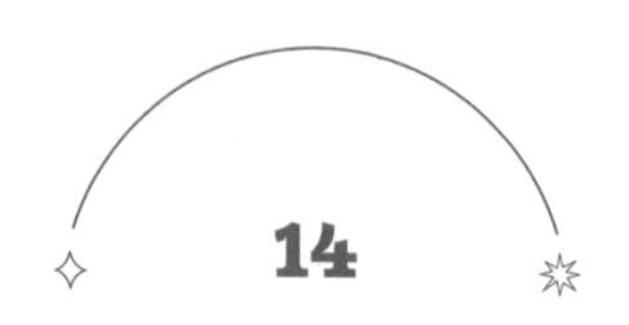

지구 최초의 뇌는 어떻게 만들어졌을까?

＊

인간이 다른 동물과 달리 지금과 같은 고도의 문명을 이룩한 데는 두뇌 발달의 덕택이 가장 클 텐데요. 앞에서 배운 대로 원핵생물은 단세포 생물로서 뇌라는 기관이 없고, 수십억 년이라는 기나긴 세월 동안 진화한 해파리 역시 온몸에 분산된 신경계는 있지만, 한곳에 집중된 뇌는 없는데요. 생물의 진화사에서 가장 최초의 뇌는 어떤 이유로 만들어졌고, 어떻게 진화한 걸까요?

뇌는 컴퓨터처럼 정보 처리 기관입니다. 생물은 뇌가 없더라도 생존을 위한 기본적인 정보 처리를 합니다. 박테리아들도 바깥에 어떤 영양분이 있는지, 온도가 어떤지 등과 같은 정보를 처리해서 그에 맞춰 행동 방식이나 물질대사를 바꾸는 등의 적응을 하니까요. 모든 생물은 기본적으로 정보를 처리하는 기구라고 볼 수 있죠. 그렇다면 뇌라는 기관의 차별점은 무

엇일까요? 바로 뇌가 신경세포들이 집단을 이루어 조직적으로 연결되며, 오직 정보 처리에 집중하도록 특화되었다는 점이죠.

사회자가 이야기했듯이 모든 동물에게 뇌가 있는 건 아닙니다. 심지어 신경세포가 없는 동물도 존재합니다. 그러니까 이전에는 존재하지 않던 뇌가 지구 최초로 만들어졌던 시점이 있을 겁니다. 이를 확인할 수 있는 가장 직접적인 수단이 바로 화석인데요. 현재까지 알려진 가장 오래전 뇌 화석은 중국 윈난성 쿤밍 근처의 청지앙澄江 유적지에서 발견되었습니다. 이곳에는 캄브리아기 대폭발 이후의 다양한 해양 생물 군집이 가장 완벽하게 기록되어 있는데요. 2012년《네이처》에 대단히 중요한 논문이 발표됩니다. 청지앙 화석 유적지에서 놀라울 정도로 잘 보존된 고대의 뇌 화석이 발견된 거죠.

무려 지금으로부터 약 5억 2000만 년 전에 생존했던 절지동물의 뇌인데, 모양이나 구조가 인상화석•에 선명하게 남아 있었습니다. 이미 멸종했을 테지만, 예를 들어 지금의 곤충이나 게의 조상이었을 생물 중 한 개체의 뇌였습니다. 놀라운 건 현재 절지동물의 뇌와 그 구조가 똑같다는 점입니다.

우리가 동물을 분류할 때 크게 척추동물과 무척추동물로 분류하는데요. 둘 다에서 뇌를 가진 생물들이 발견되거든요. 여기서

• 고생물의 골격이나 형체는 없어지고 지층 속에 그 형태가 주형으로 보존된 화석.

척추동물인 인간의 뇌와 무척추동물인 초파리의 뇌가 과거로 거슬러 올라가면 과연 뇌가 있는 공동 조상을 만날까 하는 의문이 있습니다. 한 6, 7억 년 전쯤으로 거슬러 올라가면 아마도 공동 조상인 동물을 만날 겁니다. 그 동물을 우리는 좌우대칭 동물의 공통 조상이라고 부를 수 있겠죠. 흥미로운 사실은 현재 모든 좌우대칭 동물에게 뇌가 있는 건 아니지만, 뇌가 있는 동물은 모두 좌우대칭 동물이라는 점입니다. 해파리나 말미잘 같은 방사대칭 동물은 좌우대칭 동물의 가까운 친척이긴 하지만 뇌가 없죠. 진화의 역사를 더 거슬러 올라간 해면동물의 생김새는 대칭성이 떨어집니다.

그렇다면 도대체 왜 좌우대칭 동물에게만 뇌가 발견될까요? 진

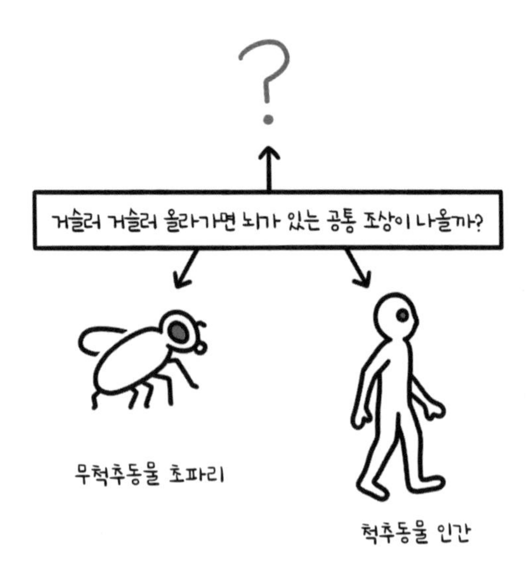

화적 스케일에서 뇌가 형성되는 과정은 보통 두뇌화cephalization• 라고 불리는데요. 일단 생김새가 좌우대칭이 되면 몸이 길쭉해지고 앞뒤가 생깁니다. 그리고 기본적으로 앞으로 나아가죠. 저항성을 최대한 줄여 가장 효율적으로 움직일 수 있으니까요. 이동하면서 바뀌는 외부의 환경과 관련된 정보도 앞부분에서 가장 먼저 발견할 겁니다. 그에 따라 외부 정보를 감지해야 하는 눈코입 등의 감각기관 역시 제일 앞쪽에 위치하는 것이 생존에 가장 효율적일 테고요. 감각기관이 앞쪽으로 몰린다면 이를 통해 들어올 정보들을 처리해야 할 신경계 역시 앞쪽의 한곳으로 모이는 것이 가장 유리한 거죠. 전투기의 레이더나 조종석이 앞부분

사람 뇌의 구조

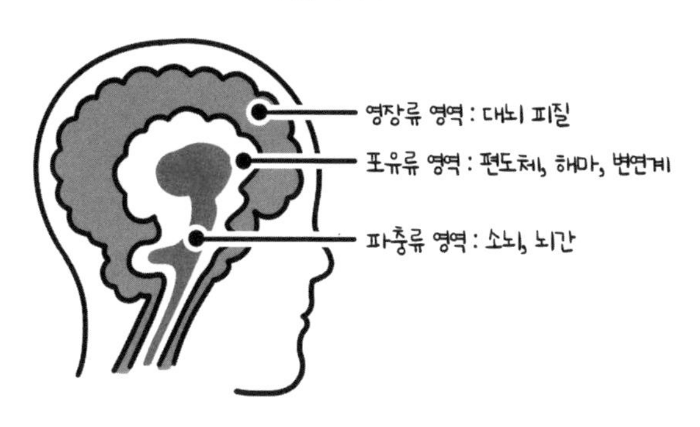

두뇌에는 파충류 영역, 포유류 영역, 영장류 영역으로 구분되는 해부학적 구획이 존재한다.

• 진화 과정에서 신경 감각기관이 전두(前頭)로 집중하는 현상

에 있는 것과 같은 이치라고 볼 수 있습니다. 다시 말해 생김새가 좌우대칭이 되면서 이동성이 한쪽으로 편향되고, 이것이 정보의 편향으로 이어져 감각기관의 집중과 신경계의 집중이라는 두뇌화가 이루어진 거죠.

엉뚱하게도 이 주제가 UFO와도 관련이 있습니다. 우리는 대개 미확인비행물체, 즉 UFO의 이미지로 비행접시를 주로 떠올립니다. 하늘을 나는 비행물체인데 전투기나 여객기 같은 좌우대칭 형태의 비행기가 아니라 둥그런 방사대칭 형태로 묘사하는 거죠. 움직임도 인간이 만든 비행물체로는 불가능한 각도로 급격하게 방향을 틀어 날아가곤 합니다. 실제로 방사대칭형은 앞뒤가 정해져 있지 않아서 어디로든지 방향을 바꿔 움직일 수 있으니까요. 이러한 특성 때문에 외계인의 모습 또한 해파리와 비슷한 생김새로 표현하는 경우가 많습니다. 아마도 여기에는 인류의 무의식적인 진화적 통찰이 담겨 있는 것 같습니다. 우주 바깥의 머나먼 외계에서 온 비행물체이기 때문에 인류의 기술을 뛰어넘었을 것이고, 그렇다면 방사대칭의 접시 모양이지만 공기 저항을 극복하고 좌우대칭 물체처럼 빠르게 이동할 수 있을 테니까요.

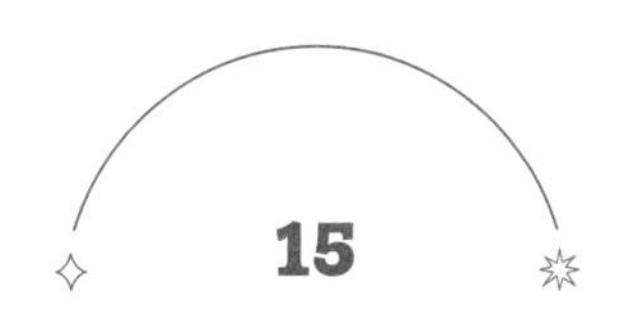

지구에서 가장 독특하게 진화한 동물은?

*

지금 지구상에 생존하는 동물 중에서 가장 독특하게 진화한 것은 어떤 종일까요? 생각해보면 육지에서 태어난 포유류 동물의 한계를 벗어나서 하늘을 날아다니고 우주까지 진출해서 태양계의 다른 행성을 개척하려 시도하고, 지금 이렇게 모여앉아 생물의 기원을 탐색하는 인간이야말로 첫손가락에 꼽을 수 있겠네요. 만약 인간을 제외한다면 과학자들을 가장 놀라게 한 동물은 누구일까요?

생물학자들을 가장 놀라게 한 독특한 동물을 꼽으라면, 오리너구리를 빼놓을 수 없습니다. 1700년대 후반 호주에서 오리너구리가 발견되었다는 보고를 받은 유럽의 생물학자들은 이를 믿기 어려워했습니다. 누군가 서로 다른 동물들을 조합해 장난을 친 것이라고 생각할 정도였죠. 그럴 만도 했던 것이, 주둥이는 오리를, 꼬리는 비버를, 발은 수달을 닮았기 때문입

니다. 당시까지 모든 생물 분류학적 상식을 완전히 뒤흔드는 동물이 나타난 거죠.

주둥이는 오리, 꼬리는 비버, 발은 수달을 닮은 오리너구리.

심지어 젖을 먹여 새끼를 키우는 포유류인데도 새끼를 낳는胎生 것이 아니라 알을 낳습니다卵生. 젖꼭지가 없어서 젖은 복부에서 땀처럼 스며 나옵니다. 새끼가 알에서 태어나니까 엄마 뱃속에서 영양분을 받는 통로인 배꼽도 없죠. 수컷의 뒷발에는 강력한 독을 내뿜는 가시가 있으며, 이 독은 개가 죽을 만큼 치명적일 수 있습니다. 심지어 갈색 털은 자외선 아래에서 청록색 빛이 났죠. 이후 확인해 보니 인간에게는 2개뿐인 성염색체가 오리너구리에게는 10개나 있었습니다.

오리너구리는 단공류로 분류되는데요. 단공單孔은 구멍이 하나라는 뜻으로, 쉽게 말해서 대·소변과 알이 한 구멍에서 나온다는 뜻입니다. 대개 다른 포유류는 항문과 요도, 새끼를 낳는 생식공이 다 따로 있거든요. 단공류가 과거에는 번성한 적이 있었으나 현재 발견되는 건 오리너구리 1종과 가시두더지 4종뿐입니다.

지구상에 현존하는 모든 생물은 공통 조상으로부터 진화계통학적으로 갈라져 나왔습니다. 과학적으로 엄밀한 분류는 아니지만, 척추동물이라고 하면 파충류, 포유류, 양서류와 같은 이름으로 구분해서 부르죠. 이들이 지금은 완전히 다른 모습이지만 과거로 계속 거슬러 올라가면 어느 시점에서는 같은 집단이었겠죠. 기나긴 세월이 흐르면서 커다란 진화적 흐름으로 서로 분기하는데, 그보다 한참 앞서서 샛길로 갈라진 종이 있는 겁니다. 이런 종은 큰 흐름으로 진화한 종들의 중간 정도의 특징, 달리 말하자면 예전 공통 조상과 더 비슷한 특징을 보일 수 있죠. 그래서 오리너구리에게는 포유류, 조류, 파충류의 특징이 모두 보이는 겁니다.

그런데 오리너구리가 특이하게 진화했다고 말하는 것은 부정확한 표현일 수 있습니다. 포유류와 파충류를 굳이 따져보자면 둘의 공통 조상과 더 가까운 것은 파충류이고, 오리너구리도 마찬가지입니다. 포유류보다 앞서 갈라진 양서류도 알을 낳는 난생동물이고요. 따지고 보면 포유류가 조상에게는 없던 새로운

왜 포유류는 젖이 나올까?

특징을 가진 동물로, 다시 말해 더 특이한 동물로 진화한 거죠. 조류처럼 새끼에게 먹이를 주는 것이 아니라 엄마의 몸에서 나오는 젖을 먹이는, 과거에는 없던 독특한 진화를 한 겁니다. 모유를 분비하는 유선(젖샘)은 피지선(기름샘)이 진화한 결과고, 피지선은 모공(털구멍)과 연결된 분비샘으로, 원래는 피부 보호를 위한 기름을 분비하는 역할을 했습니다. 그러나 포유류의 조상에서 이 분비샘이 유선으로 발전한 거죠. 포유류는 모공으로 새끼에게 영양분을 전달하는 진화적 혁신을 일구어낸 겁니다.

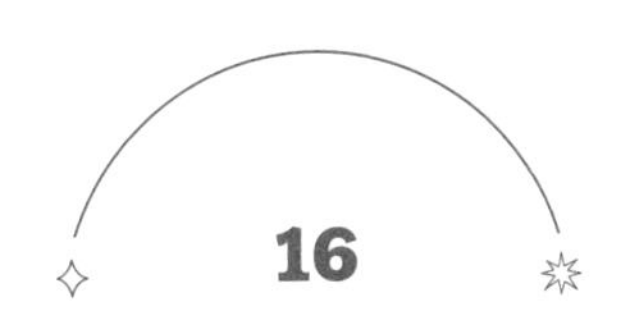

지금도 자연 발생적으로 생명이 탄생하고 있을까?

*

원래 지구에는 아무런 생명체가 살고 있지 않았잖아요. 그러다가 원시 생명체가 탄생했고 기나긴 진화의 과정을 거쳐 지금처럼 많은 종류의 동물이 생겨났는데요. 그렇다면 지금도 어디에선가는 자연 발생적으로 새로운 원시 생명체의 탄생 과정이 진행되고 있지는 않을까요?

'자연 발생적으로 생명이 탄생한다'라는 말의 의미부터 정확히 짚고 넘어가야 할 것 같은데요. 생물이 자연에서 저절로 발생한다는 자연발생설abiogenesis과 생물은 생물에게서만 태어난다는 생물속생설biogenesis은 인류의 역사에서 오랜 논쟁 거리였습니다. 많은 학자가 땀에 젖은 셔츠를 기름이나 우유에 적셔두면 쥐가 저절로 나타난다거나 팔팔 끓인 고깃국물에서 미생물이 저절로 발생한다며 자연발생설을 주장했죠. 하지만 파스퇴르는 살균한 고깃국물을 S자 모양으로 구부린 백조목 플

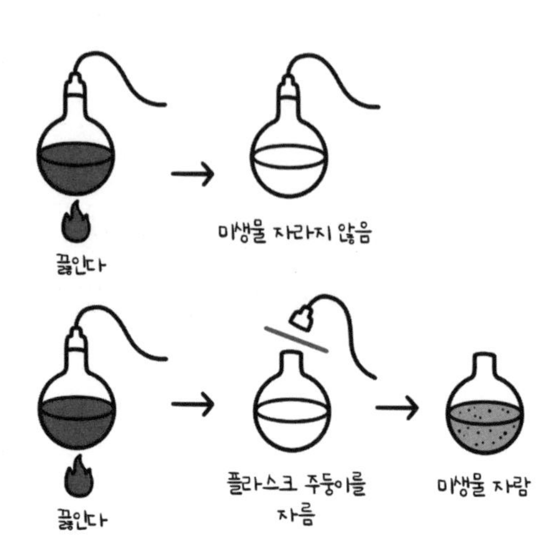
끓인다
미생물 자라지 않음
끓인다
플라스크 주둥이를 자름
미생물 자람

외부 미생물 유입을 차단했더니
아무런 변화가 없어.
역시 자연발생설은 틀렸어.
파스퇴르

라스크에 담아 외부 미생물의 유입을 차단하는 실험을 통해 자연발생설을 부정했습니다. 외부 미생물과의 접촉이 있을 때만 플라스크 안의 고깃국물에도 미생물이 발생한다는 것을 증명한 거죠.

이렇게 생물속생설이 옳다는 것이 밝혀졌지만 더 큰 의문점이 생겼습니다. 그렇다면 모든 생물의 기원인 지구 역사상 가장 최초의 생명체는 어디서 왔느냐는 거죠. 진화론의 아버지로 불리는 찰스 다윈 역시 이 질문에 명확한 답을 내리지 못했습니다. 다만 이에 대해 저서 『종의 기원』에는 적지 못했지만, 친구에게 보내는 편지에서 "따뜻한 작은 연못에서 암모니아와 인산염, 빛, 열, 전기 등이 존재하는 상태에서" 생명체가 발생했다고 상상할 수도 있지 않겠냐고 말했죠. 지금은 1953년에 진행된 유명한 밀러-유리 실험 이후 많은 과학자들이 지구의 원시 대기와 기후 조건에서 무기물이 화학반응에 의해 아미노산 같은 유기물을 합성해서 생명체 탄생의 실마리가 될 수 있었다는 데 대체로 동의하고 있습니다.

밀러-유리 실험에서는 메탄CH_4, 암모니아NH_3, 물H_2O, 수소H_2 등 원시 지구의 대기를 구성했을 것으로 추정하는 기체 혼합물을 만든 다음 전기 방전으로 자극하여 생명체의 기본 구성 요소인 아미노산이 합성되는 것을 확인했습니다. 하지만 지금은 그런 식으로 무기물에서 유기물이 합성되어서 단세포 생물의 탄생으로 이어지기는 힘들겠죠. 지구의 대기를 구성하는 요소나 기후가 수십억 년이 흐르면서 무척 많이 변했으니까요. 하지만 최근 들어 원시 생명체가 열수 분출공에서 탄생했다는 열수 분출공 가설이 학자들의 지지를 많이 받고 있는데요. 열수 분출공은 원시 지구 당시와 현재의 환경이 크게 다르지 않을 수 있기 때문에 생명체가 탄생했던 과정이 지금도 반복될 수 있다는 가설이 제기되고 있습니다. 하지만 더 큰 문제가 있습니다. 현재는 지구에 이미 너무 많은 생명체가 존재한다는 점이죠. 무기물이 유기화합물로 합성되고, 그들이 뭉쳐 더 큰 분자가 되는 과정이 이루어져야 하지만, 이미 박테리아나 고세균 같은 생명체들이 자리를 잡고 있어 이들이 새롭게 생겨나는 유기물들을 모두 먹어치울 가능성이 큽니다.

유기물이 만들어지는 데 원시 지구의 대기 구성과 번개가 자주 내리치는 등의 기후 조건이 주요 역할을 했다는 것과는 무척 다른 흥미로운 주장이 또 하나 있는데요. 생명이 탄생하려면 에너지가 필요하고 물질대사를 해야 하잖아요. 이렇게 생물체 안에서 일어나는 화학반응이 생화학biochemistry인데, 이보다 먼저 지구화학geochemistry이 존재했다는 거죠. 지구화학에서 생화학이 진화했다는 겁니다. 심해 열수구를 보면 지구 자체의 마그마 등에서 나오는 에너지 환원력을 통해서 일어나는 화학반응이 생물에서 유기물을 만드는 화학반응과 비슷합니다. 그 과정에서 저절로 아미노산 같은 유기물이 생길 수 있다는 거죠. 이런 유기물이 쌓이고 뭉치다 보면 조금씩 더 복잡한 구조가 만들어지고, 마침내 스스로를 복제할 수 있는 능력을 지닌 분자가 출현하는 순간 생명은 거침없이 진화하게 된다는 겁니다.

하지만 이 주장에 따르더라도 마찬가지 문제가 기다립니다. 지금 태평양 심해의 어딘가에서 이 과정이 진행된다고 하더라도 이미 존재하는 많은 생명체가 복제 능력을 가진 분자로 발달하기 이전에 유기물들을 먹어치우고 말겠죠. 그래서 현재도 수십억 년 전의 생명체 탄생 과정이 그대로 이루어지고 있을 것이란 기대는 현실적으로 어려울 것 같네요.

구독자들의 이런저런 궁금증 1

Q1. 생물의 진화는 환경에 더 잘 적응할 수 있는 방향으로만 이뤄진다고 알고 있습니다. 그렇다면 현재 살아 있는 동물 종들은 지구에 최초로 탄생한 생명체가 수억 년에 걸쳐 생존의 기술을 갈고닦은 최강의 버전일 텐데, 왜 자꾸 멸종하는 종들이 생겨나는 걸까요? 만약 인간이 지구 환경을 오염시키지 않는다면 멸종하는 종이 없을까요?

-parinari2712

엄밀히 말하자면, 생물의 진화가 환경에 더 잘 적응할 수 있는 방향으로만 이뤄진다는 것은 사실이 아닙니다. 진화의 정의는 '시간(세대)에 따른 생물 집단의 변화'입니다. 여기서 변화는 어떤 방향으로도 일어날 수 있습니다. 다만 '자연선택'이 작용하면 이러한 변화가 환경에 더 적합한 쪽으로 일어나고, 이것을 '적응'이라고 부르는 것이지요. 그래서 진화에는 적응적 진화와 비非적응적 진화가 모두 가능합니다. 비적응적 진화를 일으키는 요인에 대해서도 여러 이론과 연구들이 있습니다.

비적응적 진화도 존재하긴 하지만 자연선택의 힘이 워낙 강하기 때문에 적응적 진화를 흔하게 관찰할 수 있지요. 그런데 생물들은 주어진 환경에 잘 적응해서 살아남았을 텐데, 왜 자꾸 멸종하는 종들이 생길까요? 그것은 바로 '환경'이 끊임없이 변화하기 때문입니다. 인간의 환경오염이 종을 멸종시키기도 하고, 지질학적인 사건이나 운석 충돌이 생태계를 급격히 변화시키기도 합니다. 소위 대멸종이라고 부르는 사건들은 산소 농도가 급격하게 변한다든가 하는 환경의 변화로 인해 일어나 이전 환경에는 적합했던 생물들이 더 이상 생존하거나 번식할 수 없게 되면서 일어나지요.

Q2. 저는 김 양식을 하는 어부인데요. 요즘 무섭게 증식하는 해파리 때문에 골머리를 앓고 있습니다. 양식장이 망가지고 어선의 모터 역시 고장이 납니다. 하는 수 없이 해파리를 잡으면 일단 칼로 조각내서 버립니다. 그런데 누군가 그런 식으로 처리하면 오히려 각각의 해파리 조각이 다시 살아나 개체 수가 늘어날 거라고 해서 고민인데…, 사실일까요? 근본적으로는 어떤 대책이 가장 효과적일까요?

-즐기면된다

해파리 중에는 조각에서 다시 개체를 생성할 수 있는 능력을 지닌 일부 종들이 있는데, 한국 연근해에서 발견되는 해파리의 경우 그러한 재생 능력이 있는 종들은 희소할 것으로 추정됩니다. 해파리 문제가 날로 심각해지고 있고, 저희 연구실에서도 관련 연구를 시작했는데요. 근본적인 해결책을 마련하려면 왜 해파리가 증가하고 있는지를 알아내야 합니다. 우선 기후변화 등으로 해파리가 더 잘 증식하는 조건이 되었고, 어류 남획으로 인해 해파리의 포식자가 줄어든 것이 중요한 원인으로 알려져 있습니다. 따라서 해파리가 증식하는 지역을 알아내어 해파리 폴립을 제거하는 방제 사업과 포식자의 숫자를 늘릴 수 있도록 해양 생태계를 복원하는 노력이 동시에 이뤄져야 할 것 같습니다.

Q3. 개미 집단은 왜 여왕개미 한 마리만 번식할 수 있을까요? 다른 암컷 개미들도 알을 낳을 수 있다면 더 큰 집단을 쉽게 만들 수 있어서 생존에 훨씬 유리할 것 같은데 말이죠. 개미의 조상들도 처음부터 여왕개미만 번식할 수 있었는지, 아니라면 왜 지금과 같이 진화했는지 그 이유가 궁금합니다.

-wabom3800

개미의 특수한 생식패턴, 즉 여왕개미만 번식하는 패턴은 개미의 '사회성'과 매우 밀접한 관련이 있습니다. 생식하지 않는 다른 개미들의 삶은 '이타적'으로 보이는데요. 이러한 이타적인 행위의 이면에는 이기적 유전자가 존재합니다. 여왕개미가 생식을 독점하게 되면, 군집을 이루는 개미들이 모두 자매 관계(2촌 관계)가 되고, 개미의 생식 유전적 특성 때문에 일반적인 자매들보다 유전적으로 훨씬 높은 유사성을 보입니다. 따라서 자기가 자식을 낳는 것보다 자기의 조카들을 돌보는 것이 유전자 수준에서 더 큰 이득이 됩니다. 달리 말해, 어떤 DNA가 여왕개미에서는 알을 낳게 하고, 그 DNA를 공유하는 일개미는 노동을 하고 병정개미는 군집을 지키게 한다면, 그런 군집의 성공을 통해 모든 개미가 각자 알을 낳게 하는 DNA보다 사회성 집단의 DNA가 더 빠르게 자연에 퍼져 나갈 수 있는 것입니다. 이러한 과정을 거쳐서 비非사회성(여왕이 없는) 곤충으로부터 사회성 개미가 진화한 것으로 추정됩니다.

Q4. 문어는 다리가 하나 끊어지면 나중에 다시 자라난다고 하더라고요. 사람도 그럴 수 있다면 정말 많은 도움이 될 텐데요. 모든 생명체는 유전자의 설계에 따라 몸이 생겨난다고 하는데, 문어에게만 있는 이 초능력에 대한 유전적 원인을 찾아냈나요? 만약 그 이유를 알았다면 사람에게도 적용될 가능성이 조금이라도 있을까요? 진행 중인 관련 연구 프로젝트가 있다면 소개해주세요.

-tigeryoon04

자기 신체를 재생할 수 있는 능력은 문어뿐만 아니라 도롱뇽, 해파리, 플라나리아, 지렁이 등 많은 동물이 지니고 있으며, 식물은 나뭇가지를 꺾어서 땅에 꽂으면 한 그루의 나무가 되는 능력을 보여주는 경우도 많습니다. 오히려 인간이 굉장히 제한된 재생 능력을 지니고 있다고 봐야 한다는 견해도 있습니다. 개인적으로는 우리 몸도 신체와 장기를 재생할 수 있는 능력을 지니고 있지만, 이를 억제하고 있다고 보는 편입니다. 위에서 언급한 다른 생물의 재생 능력에 대한 이해를 통해 인간의 재생 능력을 획기적으로 증진하려는 연구가 현재 국내외에서 매우 활발하게 진행되고 있습니다.

Part 2

지금도 진화하고 있는 호모 사피엔스

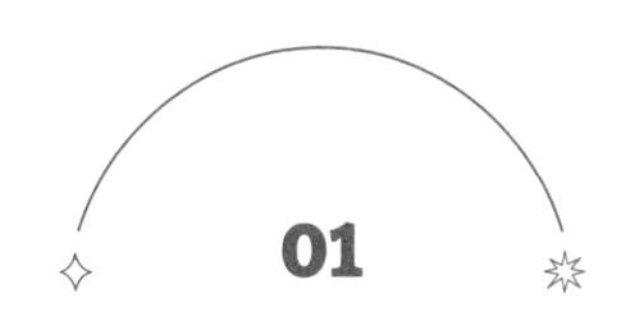

01

우리 몸의 원소들이 별에서 왔다고?

✳

우주의 모든 것은 원소로 이루어졌다고 배웠습니다. 그렇다면 우리 몸도 원소로 구성되었다는 이야기인데요. 태양이나 지구 같은 천체뿐만 아니라 돌이나 물 같은 무생물도 원소로 이루어졌고, 살아 움직이고 생각까지 하는 인간을 포함해 동물의 몸도 같은 원소로 이루어졌다니 정말 신기한데요. 그렇다면 우리 몸을 이루는 원소는 도대체 어디에서 왔고, 몇 종류나 되나요?

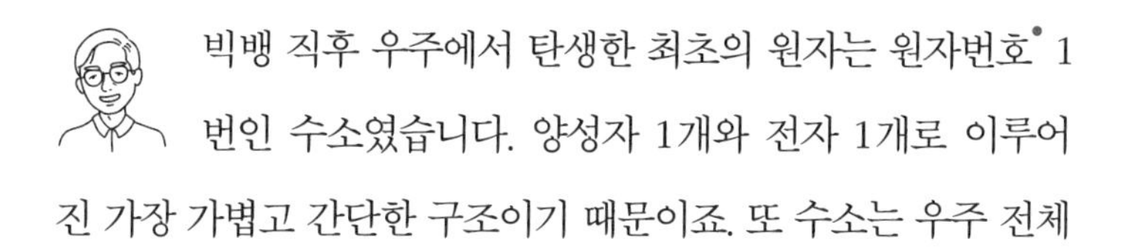

빅뱅 직후 우주에서 탄생한 최초의 원자는 원자번호* 1번인 수소였습니다. 양성자 1개와 전자 1개로 이루어진 가장 가볍고 간단한 구조이기 때문이죠. 또 수소는 우주 전체

• 원자번호는 원자핵 속에 있는 양성자의 수에 따라 붙여진다.

질량의 4분의 3을 차지하는 가장 풍부한 원소이죠.• 수소水素라는 이름은 한자로 물의 구성 요소라는 뜻입니다. Hydrogen이라는 영어 명칭도 물을 뜻하는 그리스어 'hydro'와 '되다'라는 뜻의 접미사 'gen'이 합성된 것이죠. 물 분자의 화학식은 H_2O로 수소 원자H 2개와 산소 원자O 1개가 결합한 결과이니까요. 그러니까 수소가 우주 최초의 원자이자 생명과 만물의 근원인 셈이죠. 끊임없이 에너지를 보내서 지구에 생명의 꽃을 피워낸 태양의 연료도 수소이고요.

원자번호 1번 수소
우주에서 가장 가볍고 가장 풍부한 원소

• 원소는 종류, 원자는 원소의 구체적인 개별 단위를 이르는 명칭으로 이해하면 된다. 예를 들어, 물 분자를 구성하는 원소는 수소와 산소 두 가지이고, 물 분자를 구성하는 원자는 수소 원자 두 개와 산소 원자 한 개이다.

태양 내부에서 수소 원자핵이 고온고압으로 핵융합하면서 엄청난 에너지를 뿜어냅니다. 핵융합 반응 이전의 수소 원자가 가진 질량의 합보다 이들이 융합해서 탄생하는 헬륨 원자의 질량이 더 작은데, 그 차이만큼의 질량이 에너지로 발산하는 거죠. 이런 원리를 방정식으로 표현한 것이 바로 아인슈타인의 '$E=mc^2$'입니다.

대략 138억 년 전에 빅뱅으로 우주가 팽창하기 시작하면서 물질의 가장 작은 단위인 쿼크quark와 전자electron같은 렙톤lepton들이 생성됐습니다. 쿼크들이 결합하여 양성자와 중성자가 만들어지고, 뜨거웠던 우주의 열기가 점차 식어가면서 양성자와 중성자가 결합하여 중수소 원자핵과 헬륨 원자핵 역시 만들어지죠. 마침내 우주 온도가 약 3000℃까지 낮아지자 전자의 운동이 느려지면서 수소 원자핵과 헬륨 원자핵에 붙잡혀 비로소 전기적으로 중성인 원자가 탄생합니다. 그리고 원자번호가 낮은, 가벼운 원자들인 리튬과 베릴륨, 보론 등이 아주 조금씩 생성되기 시작합니다. 이런 개별 원자들이 다시 융합하면서 분자가 되고, 분자들은 다시 모여 짙은 우주 먼지와 가스를 형성하죠. 다시 그중에서 밀도가 높은 부분을 중심으로 점점 더 조밀해지다가 항성, 즉 별이 탄생합니다.

우주는 균일하게 팽창하는 것 같지만 극히 미세한 온도 차이에 따라 밀도가 높고 낮은 곳이 만들어집니다. 질량이 모일수록 더 큰 중력이 작용하면서 주변의 물질들이 뭉치기 시작하고, 이런 과정이 수억 년 계속되자 마침내 별들이 탄생합니다. 이렇게 탄생한 별들이 서로 끌어당기며 작은 은하를 이루고, 작은 은하들은 서로 충돌하고 합해지면서 커다란 은하가 되고 이들이 모여서 은하단이 형성됩니다. 별의 내부에서는 새로운 원소들이 만들어지죠. 원자번호가 낮은 탄소, 질소, 산소, 칼슘과 같은 원자는 비교적 작은 항성, 예를 들어 태양과 같은 별에서도 핵융합 과정을 통해 생성될 수 있습니다. 태양보다 큰 별에서는 더 큰 원자들도 만들어집니다. 하지만 별 내부에서 핵융합으로 만들어질 수 있는 원자는 철Fe까지죠. 우라늄처럼 원자번호가 큰 무거운 원자들은, 거대한 질량을 가진 항성이 생애 마지막에 초신성 폭발을 일으킬 때 발생하는 엄청난 에너지를 통해서만 합성될 수 있습니다.

인간의 몸에는 꽤 많은 종류의 원소가 들어 있습니다. 아주 조금 있는 원소까지 통틀어 수를 세면 대략 60여 종류가 검출됩니다. 이 중에서 상당수가 미량 원소trace element•

• 생물의 생장, 발달, 생리가 올바르게 작용하기 위해 비록 극히 적은 양이지만 꼭 필요한 화학 원소.

로 불립니다. 통계적으로 유의미한 수준으로 몸속에 머무르지 않고, 일시적으로 유입되는 원소들도 상당히 많습니다. 하지만 특정 기능이 있다고 알려진 필수 원소 역시 20여 종류가 넘으며 그중에서도 여섯 종류가 전체 질량의 98.5%를 차지합니다. 또 그 가운데서도 산소가 60% 이상을 차지하는 압도적 주인공입니다. 그럴 만한 게 우리 몸의 70%가 물로 구성되었는데, 물의 화학식이 H_2O니까요. 게다가 산소의 원자량이 수소보다 16배나 더 크거든요. 그다음으로 탄소가 대략 20%, 수소가 10% 정도를 차지합니다.

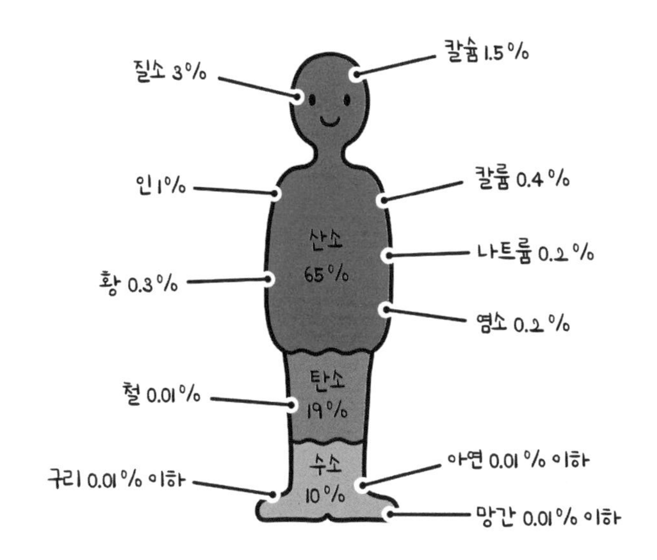

우리 몸을 이루는 원소들

그 외에도 단백질에 들어가는 질소, 뼈를 구성하는 칼슘, DNA, RNA에 중요한 원소인 인 등이 중요한 원소들이죠. 그 아래로도 꽤 의미 있는 역할을 하는, 예를 들어 빈혈 증상이 나타나면 철분제를 먹듯이, 철도 중요합니다. 구리 역시 필수 원소인데, 철분이 우리 몸에 흡수되고 헤모글로빈을 합성하는 것을 도와주는 중요한 역할을 하죠. 신경계에서는 소금을 통해 섭취하는 나트륨이 중요하고요. 이들은 중량으로 따지면 극히 적지만 우리 몸에 없어서는 안 될 필수 원소들입니다.

인체를 구성하는 주요 원소와 관련하여 재미있는 에피소드가 있는데요. 1974년 거대한 아레시보 전파 망원경을 이용해서 미지의 우주를 향해 인류의 메시지를 날려 보냈습니다. 프랭크 드

레이크Frank Donald Drake라는 천문학자가 칼 세이건 등 다른 과학자들과 협력해서 메시지 작성을 주도했죠. 그는 외계 문명이 지구를 찾아오지 않는 이유에 대해 이렇게 주장했습니다.

"인류가 지금껏 아무런 행동을 취하지 않았기 때문입니다."

드레이크가 보낸 메시지는 1,679개의 2진 코드binary code로 이루어졌는데, 그 내용 중 하나가 바로 우리 인류의 DNA를 구성하는 기본 원소인 'H(수소), C(탄소), N(질소), O(산소), P(인)' 등의 원자번호였습니다.

수소는 우주가 태어날 때부터 존재하던 원소입니다. 과학자들은 우주에 존재하는 모든 수소가 그때 만들어졌다고 생각하고 있죠. 그런데 앞에서 이야기했듯이 우리 몸에는 그 당시, 즉 138억 년 전에 만들어진 수소가 10%가량 들어 있습니다. 우리 몸의 구성 요소 중 하나가 우주의 역사만큼 나이가 든 거죠. 가끔 밤하늘을 올려다볼 때 이 사실을 떠올리면서 우주와의 일체감을 한번 느껴보는 건 어떨까요.

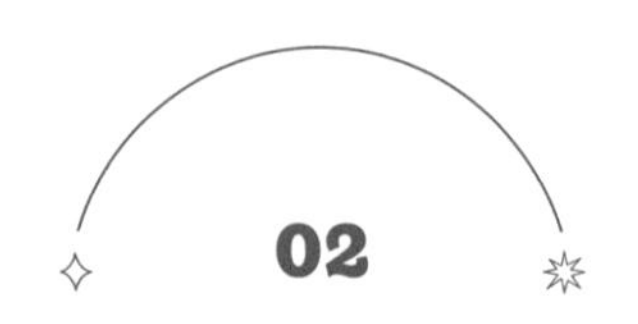

손흥민의 축구 실력은 자식에게 유전될까?

✳

미국 프로농구NBA의 슈퍼스타인 르브론 제임스가 아들과 함께 공식경기에서 뛰었다는 뉴스를 봤는데요. 뛰어난 스포츠 스타의 아들 역시 스포츠에 재능이 있다거나, 위대한 업적을 이룬 과학자의 아들이 같은 분야의 대학교수가 되어 대단한 논문을 발표했다거나 하는 사례가 종종 있습니다. 과연 부모가 많은 시간을 들여 경험을 쌓고 능력을 키운다면, 그 능력이 자식에게도 유전되는 걸까요?

토트넘 홋스퍼에서 주장으로 활약하고 있는 손흥민 선수를 예로 들어볼까요. 손흥민 선수의 아들이 아빠가 갈고닦은 축구 실력을 물려받으려면 어떤 식으로든 능력이 전달되어야 하잖아요. 그렇게 실질적으로 부모의 경험이 전달되어야 다리 근육을 더 강력하게 형성한다든지, 심폐 기능에 자원을 더 집중한다든지 하는 변화를 이루어낼 수 있겠지요. 부모로부터

자식 세대에게 이런 전달을 매개하는 것이 바로 생식세포입니다. 부모의 정자와 난자가 만나서 수정란이 형성되는 거니까요. 이론적으로는 정자와 난자에 부모가 겪은 경험이 어떤 식으로든 기록될 수 있어야 자손에게 유전되는 것도 가능하겠죠.

실제로는 누군가가 축구를 열심히 해서 고도의 기술을 발휘할 수 있다고 하더라도 이 경험에 관한 정보가 생식세포에 기록된다는 것은 상상하기 힘듭니다. 그러니 부모의 경험이 자식에게 유전되는 메커니즘은 최근까지 존재하지 않는다고 생각해왔습니다. 하지만 전쟁이나 대규모 기근과 같은 극심한 환경적 스트레스에 노출된 부모 세대의 자손들을 연구한 결과, 이러한 경험이 후손들에게 유전적 변화를 초래하거나 특정 건강 문제의 발생률을 증가시키는 현상이 관찰되었습니다. 비슷하게 동물에게서도 어미 세대가 반복적으로 특정 포식자에게 생존을 위협받으면 자식 세대에서 그 포식자 특유의 공격 행태를 막기 위한 등딱지나 가시 같은 방어 기관이 나타나는 현상들이 보고됩니다.

우리가 배웠던 생물학 교과서를 떠올려보면 다윈의 자연선택설과 라마르크의 용불용설(用不用說, 획득한 형질의 유전)이 나오죠. 대개 기린을 예로 들어 그 차이점을 설명하곤 하는데요. 용불용설은 짧은 목을 가진 기린들이 높은 가지 위에 달린 먹이를 따먹으려고 목을 길게 늘어뜨려 사용하다 보니, 세대를 거치며 차츰 목이 늘어나서 현재처럼 기다란 목을 가진 기린이 되었다는 주장입니다. 하지만 부모의 형질이 자손에게 전달되는 매개체인 DNA와 유전자가 마침내 발견되자 후천적으로 획득한 변화는 DNA와 유전자에 영향을 미칠 수 없고, 자연히 후대에도 전달될 리 없다고 생각하면서 용불용설은 과거의 이론으로 잊혔습니다.

그 뒤로 대개의 생물학자들은 무작위적인 유전자 변이로 인해 목 길이가 다른 여러 기린이 태어나고, 그중 높은 가지에 달린 먹이를 잘 따먹을 수 있는 목이 긴 기린이 생존 경쟁에서 자연선택을 받아 자손을 남기는, 그런 과정이 세대를 이어 반복되면서 목이 긴 기린으로 진화했다고 믿고 있었죠.

현재 진화생물학의 기본 원리는 다윈의 자연선택과 현대 유전학의 발견을 결합한 신다윈주의에 기반하고 있습니다. 위에서

라마르크의 용불용설

설명한 사례들을 포함해서 최근 용불용설이 완전히 틀린 건 아니라는 증거들이 속속 발견되고 있을 뿐만 아니라 10~20년 전부터 이에 관한 연구들이 폭발적으로 이뤄지고 있습니다. 공교롭게도 제 박사 과정 기간에 관련 논문이 많이 발표됐습니다. 기본적으로 유전은 DNA에 의해 이뤄지는 것은 맞습니다. 이를 '딱딱한 유전'이라고 해서 하드 인헤리턴스hard inheritance라고 부르고, 부모의 어떤 경험이 자손의 형질에 영향을 미치는 것은 소프트 인헤리턴스soft inheritance라고 하죠.

예쁜꼬마선충•이라는 작은 벌레의 사례를 보면, 바이러스 감염에 대한 면역, 굶주림, 수명 등에 대한 전 세대의 경험이 자식

• 간선충과 신생선충속의 선충이다. 단순하고 정형적인 구조로 생물학 연구에 널리 쓰인다.

세대뿐만 아니라 손자 세대, 4세대, 5세대, 어떤 때는 10세대 넘게 전달된다는 사실이 보고됐습니다. 여기서 과연 어떤 방법으로 이 같은 형질이 유전될 수 있었는지가 무척 궁금할 텐데요. 기본적으로 소프트 인헤리턴스는 DNA의 변이, 즉 '유전' 변이를 물려받는 것이 아니라, DNA 자체는 그대로인데 유전 정보의 활용이 달라지는 '후성유전적epigenetic' 변이를 물려받는 것이라고 할 수 있습니다. 이와 관련하여 크게 두 가지 메커니즘이 작동하는 것으로 알려져 있습니다.

첫째, 특정 형질에 관한 정보가 담긴 각 유전자는 마치 전구처럼 스위치를 올리면 켜지고 내리면 꺼집니다. 이 스위치 역할을 하는 것이 메틸기-CH3, methyl라는 탄소와 수소의 결합 물질인데요. DNA 염기서열 자체는 변하지 않고 부모 유전자의 특정 부분에 메틸기가 달라붙어 스위치의 역할을 하면서 관련 유전자를 주로 비활성화합니다. 이런 과정을 통해 부모의 경험이 다음 세대에 영향을 미치는 거죠.

둘째, 염색체의 구조를 보면 절반은 DNA이고 나머지 반은 단백질인데요. 이 단백질의 이름이 히스톤histone입니다. 염색체의 구조를 이해하기 쉽게 비유하자면, DNA라는 실이 히스톤 단백질로 이루어진 실패(실을 감아두는 작은 도구)에 감겨 있다고 생각하면 됩니다. 그런데 만약 DNA의 특정 부분이 이 히스톤 실패에 너무 강하게 꽁꽁 묶여 있다면 스위치가 잘 안 켜집니다. 효소가 다가와서 DNA를 열고 RNA를 만드는 등의 일을 해야 어떤 형질이 만들어지거나 할 텐데 이런 작업이 원활하게 이루어지지 않는 거죠. 이때 부모의 경험이 히스톤에 메틸기나 아세틸기가 붙고 떨어지는 데 관여하고, 또 그에 따라 DNA가 얼마큼 빽빽하게 감기는지 아닌지가 결정되면서 유전에 영향을 미칩니다.

DNA 메틸화나 히스톤 단백질의 변형이 아닌 다른 방식으로 소프트 인헤리턴스가 일어나는 방식도 알려져 있습니다. 우리 몸에는 유전자를 만드는 보통의 RNA와는 다른 아주 작은 RNAsmall RNA•들이 있습니다. 바이러스에 감염되면 면역 과정에 참여하거나 하는데요. 이 작은 RNA들이 다음 세대로 전달되어 앞 세대에서 경험했던 바이러스의 재감염에 대항할 수 있게 하는 거죠.

대개 유전자 중심의 진화론을 비판할 때 이와 같은 사례를 많이 이야기하곤 하는데요. 중요한 건, 이런 후성유전학적인 변화들도 기본적으로 유전자의 작용에 근거한다는 사실입니다. DNA를 메틸화하는 효소도 유전자로부터 만들어지고, 히스톤을 변형하는 효소도 DNA에 코딩되어 있기 때문입니다. 이 유전자들의 작용 역시 결국에는 자연선택을 받는다는 사실을 놓치면 안 됩니다.

• 기능이 있는 다른 RNA들에 작용하여 여러 생명 현상을 조절한다.

진화생물학의 역사에서 예전에는 소프트 인헤리턴스가 전혀 불가능하다고 생각했기 때문에, 세대를 이어서 경험이 유전되는 후성유전학적인 변화가 생물의 진화에 어느 만큼 영향을 주는가와 관련한 주제는 학계에서 뜨거운 감자 같은 논쟁 거리였습니다. 후성유전적 유전은 세대를 지나면서 점점 그 효과가 희미해지는 경우가 많거든요.

그래서 쉽게 비유하자면, 우리가 부드러운 두부로 집을 짓는다면 얼마나 튼튼한 건물을 지을 수 있겠느냐는 질문이 가능하죠. 결국은 벽돌처럼 단단한 하드 인헤리턴스를 통해 유전이 이루어질 수밖에 없다는 주장이 제기됩니다. 그리고 또다시 그 두부가 단단한 벽돌이 될 수도 있다는 반론이 이어지죠. 콘크리트

"많이 사용하는 기관은 발달하여 다음 세대에 전해지지만,
사용하지 않는 기관은 퇴화한다."

장 바티스트 라마르크

도 처음에는 부드러운 상태에서 단단한 재질이 되는 것처럼 처음에는 소프트 인헤리턴스가 작용하고 나중에 유전자들의 작용까지 합쳐진다는 겁니다. 이런 논쟁을 통해 유전과 후성 유전 진화의 내밀한 관계를 밝히고자 하는 과학자들의 노력이 끊임없이 계속되고 있습니다.

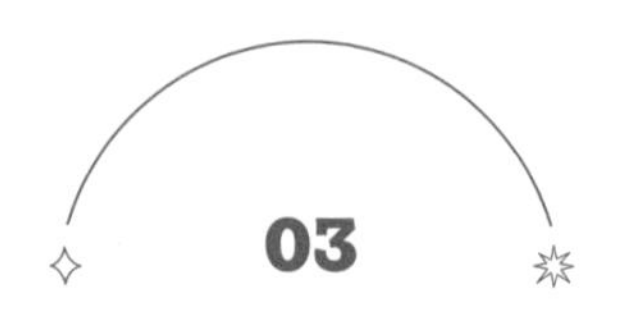

우리의 모든 감각을 통제하는 VR이 가능할까?

*

최근 넷플릭스 드라마 〈삼체〉가 화제입니다. 어젯밤에 잠깐 볼까 하고 TV 앞에 앉았다가 그만 밤을 꼴딱 새우면서 마지막 편까지 정주행하고 말았는데요. 등장인물들이 투구 모양의 기기를 머리에 쓰면 마치 다른 세계로 실제 이동한 것 같은 효과가 생기더라고요. 언뜻 요즘 판매되는 헤드마운트 VR 기기가 떠오르던데, 드라마에서처럼 정말 현실로 느껴지는 기술이 개발될 수 있을까요? 그리고 양자컴퓨터가 개발된다는 현대의 기술로도 삼체 문제는 풀 수 없는 건가요?

저도 〈삼체〉(2024)를 흥미롭게 봤는데요. 드라마에서는 이 기기를 머리에 쓰면 시각은 물론 미각부터 촉각까지 실제처럼 느끼더라고요. 하지만 이 정도 가상현실을 구현하려면 인간의 신경계를 정밀하게 통제할 수 있어야만 가능할 것 같습니다. 그래서 외계인이 양자 단위까지 자유롭게 다룰 수 있

는 기술을 가지고 있다고 설정해놓은 것 같더라고요.

무조건 불가능할 것 같지는 않습니다. 감각의 원리를 생각해보면 빛을 보든, 냄새를 맡든, 촉각을 느끼든 신경세포가 활성화하는 것이고, 결국은 뇌가 상상하는 거잖아요. 이론적으로 모든 감각의 실체는 뉴런들이 주고받는 전기신호일 뿐이니까요. 이미 초파리나 선충 같은 생물을 대상으로 이러한 실험이 활발히 진행되고 있습니다. 예를 들어 특정 냄새를 맡는 신경세포 하나하나를 빛을 이용해 인위적으로 활성화하거나 비활성화할 수 있거든요. 물론 발달한 뇌를 가진 동물일수록 이러한 조작이 훨씬 더 어려워지긴 하겠죠. 그래서 전체 인간 뇌의 고등한 작용들까지 직접 제어하는 것은 지나치게 복잡성이 커서 아직은 어렵겠지만, 개별 감각을 단순하게 전기신호로 입력하는 건 지금도 가능할 것 같긴 합니다.

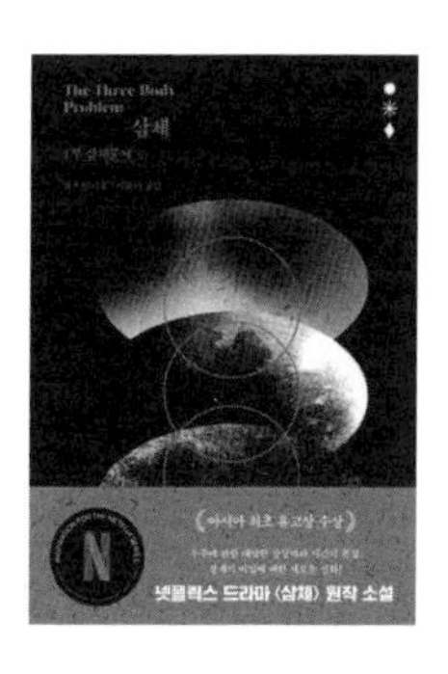

SF 거장 류츠신의 대표작 『삼체』. 총 3부작으로 우주에서 인류가 마주하게 될 운명을 대담한 상상력으로 그리고 있다.

'삼체三體'는 말 그대로 물체가 세 개 있다는 뜻인데요. 삼체 문제의 물체는 별일 수도 있고 행성일 수도 있는

데, 주변에 있는 물체 세 개 사이의 중력이 어떻게 작용하고, 그 결과로 어떤 궤도의 움직임을 보이는지를 다루는 문제입니다. 물체 두 개까지는 어렵지 않게 문제를 풀 수 있습니다. 하지만 세 개 이상이 되면 방정식을 적을 수는 있는데, 그 방정식의 해를 수식의 형태로 구하는 건 불가능하다는 사실이 증명됐습니다. 그래서 이를 다체多體 문제N-body problem라고도 하죠. 그렇다고 해서 아예 못 푸는 건 아니고 방정식을 적을 수는 있으니까 컴퓨터 프로그램을 이용해서 우리가 원하는 정확도로 미래를 예측할 수는 있죠. 하지만 일정 시간을 넘어선 미래가 되면, 앞에서 얻었던 예측이 미래로 무한정 연장될 수는 없어서 어쩔 수 없이 불안정해질 수밖에 없죠.

천체물리학의 난제인 삼체 문제(three-body problem)는
세 개의 질점 또는 물체의 상호작용과 움직임을 다루는 문제.

이와 관련해 물리학자들 사이에 재미있는 농담이 있습니다. 물리학자가 제대로 셀 수 있는 숫자는 딱 셋뿐이라고들 합니다. '하나'와 '둘'을 크게 외친 다음에는, 웅얼웅얼 얼버무리다가 갑자기 '무한대!' 하고 외친다는 농담입니다. 물체가 한 개 혹은 두 개일 때는 그리 어렵지 않게 운동방정식의 해를 구할 수 있어요. 하지만 물체의 수가 셋만 되어도 해를 구할 수 없게 됩니다. 셋도 모르니 넷, 다섯, 백, 천 개의 물체를 정확히 알 수 없는 것은 당연하죠. 하지만 물체의 수가 무한대가 되면 상황이 달라집니다. 전체를 구성하는 구성 요소 하나하나의 특성에 주목하는 것이 아니라 전체의 통계적인 특성에 관심을 두게 됩니다. 지금 이 공간에도 엄청나게 많은 기체 분자가 돌아다니는데 기체 분자 하나하나가 어떤 궤적을 그리며 운동할지는 앞에서 이야기한 다체 문제라서 풀어낼 수가 없지만, 이 많은 기체 분자 전체가 이 방의 온도를 어떻게 결정하는지, 압력을 어떻게 결정하는지는 통계적인 방법을 이용해서 정확하게 이야기할 수 있습니다. 그래서 물리학자는 방정식의 해를 구할 수 있는 한 개, 두 개까지는 명확히 셀 수 있으나 그 이상은 세지 못해요. 하지만 무한대는 셀 수 있죠. 물론 하나와 둘을 세는 방법과 무한대를 세는 방법은 다르지만요.

넷플릭스 드라마 〈삼체〉에서는 우리 태양과 유사한 별이 세 개 존재하며, 이들 별을 중심으로 도는 행성에 외계인들이 살고 있는 설정이 나옵니다. 그러나 세 별의 궤도와 행성의 궤도가 너무나 불안정하고 복잡하여 외계인들은 자기 행성의 미래를 예측할 수 없는 상황에 처해 있습니다. 그래서 어떤 때는 별에 너무 가까이 다가가서 엄청 뜨거운 지옥 같은 시기를 보내기도 하고, 또 어떤 때는 별에서 적당한 거리를 유지해서 살기 좋은 시기를 보내기도 하죠. 그러다가 안정적인 궤도를 돌고 있는 지구를 발견하고 침공을 계획한다는 것이 이 드라마의 배경 설정입니다. 별 세 개까지는 아니더라도 2009년에 별 두 개를 공전하는 외계 행성을 우리나라 천문연구원의 이재우 박사 등이 세계 최초로 발견하기도 했습니다.

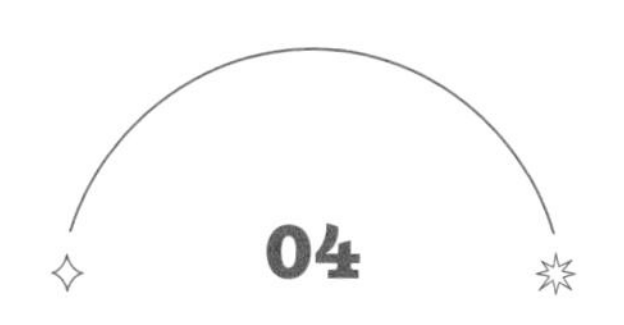

왜 인간에게만 흰자위가 있을까?

✳

다른 동물에게는 없는 인간만이 가진 여러 특징 중 하나가 눈의 흰자위라는 말을 들었습니다. 지금까지 특별히 생각해본 적이 없었는데 그 말을 듣고 보니 정말 그런 것 같습니다. 인간만이 검은 눈동자와 흰자위가 뚜렷하게 구분되고 색깔도 유난히 하얗더라고요. 우리가 흔히 볼 수 있는 반려동물인 개나 고양이를 봐도 그렇고요. 인간의 눈이 이렇게 진화한 이유는 무엇일까요?

인간의 눈을 앞에서 보면 동공과 이를 둘러싼 홍채로 구성된 눈동자인 안구와 공막이라는 바깥의 흰자위가 보입니다. 다른 동물들은 공막이 어두운색으로 동공과 공막의 경계가 흐릿해서 구분이 잘 안 되거나 공막이 흰색에 가깝더라도 거의 보이지 않을 정도로 차지하는 면적이 작습니다. 반면에 인간의 눈은 옆으로 길쭉하게 찢어진 모양으로 흰자위 역시 선

명하게 구분되고 아주 넓은 면적을 차지하죠.

그 이유에 대한 대표적인 주장으로 '협력적인 눈 가설'이 있습니다. 인간은 사회성이 매우 발달한 종種이라서 눈으로도 많은 소통을 합니다. 눈으로 어떤 메시지를 전한다는 의미의 '눈짓'이라는 단어도 있고요. 생각해보면 우리는 누구나 상대방에게 먼저 가라거나, 가만히 있으라거나, 기다리던 순간이 지금이라거나 같은 여러 의도를 담은 눈짓으로 의사소통을 할 수 있습니다. 인류가 수렵 활동으로 살아가던 시절로 거슬러 올라가면 일단 소리를 내면 사냥감이 도망을 갈 테니까 눈짓이나 고갯짓으로 의사소통을 했을 거로 어렵지 않게 짐작할 수 있습니다. 손짓이나 다른 방법도 있었을 테지만 사냥감을 바로 코앞에 둔 아주 긴밀한 상황에서 공격 대상이 전혀 눈치채지 못하게 신호를 주고받는 방법으로는 눈짓이 아마 최고의 수단이었을 겁니다. 그래서 다른 동물과 달리 인간의 눈은 눈동자의 움직임이 선명하게

보일 수 있도록 흰자위가 유독 발달했다는 것이죠.

이와 관련한 재미있는 실험 결과도 널리 알려져 있습니다. 인간의 아기와 침팬지를 앞에 놓고 눈짓과 고갯짓으로 특정 방향을 가리키면서, 어떤 신호에 더 민감하게 반응하는지를 관찰해 봤습니다. 그 결과 인간은 눈짓으로, 침팬지는 고갯짓으로 가리킨 방향에 주의를 기울였다고 합니다. 이런 실험 결과를 떠나서도 실제로 우리가 가정이나 사회에서 상대방의 눈빛을 통해 많은 부분을 파악할 수 있다는 건 사실이잖아요.

그렇더라도 이런 가설을 받아들일 때는 주의해야 할 점이 있습니다. 협력적인 눈 가설은 현대 인류의 사후적인 해석일 가능성도 크니까요. 지금 우리가 눈빛으로 많은 소통을 하니까, 이런 목적을 위해 처음부터 흰자위가 발달했을 것으로 해석하는 것은 논리적으로 오류일 수 있습니다. 앞에서 설명했듯이 과거에는 새의 깃털이 처음부터 하늘을 날기 위한 목적으로 진화했다고 생각했지만 현재는 보온이나 짝짓기를 위해 진화한 공룡의 깃털이 이후 하늘을 나는 데 사용된 것이라는 주장이 있는 것처럼, 인간의 흰자위 역시 처음에는 다른 목적으로 진화했지만 이후 더 뚜렷한 눈짓을 하는 데 도움이 되었을 가능성도 얼마든지 있으니까요.

특히 진화생물학에서 '생물의 어떤 기관이 특정 목적을 위한 적응이었을 것이다'라고 주장할 때 이런 오류의 가능성을 무척 신중하게 검토해야 합니다. 얼마든지 우리가 모르는 다른 이유로 진화했을 수 있으니까요.

이와 관련해서 「산 마르코의 스팬드럴과 팡글로스 패러다임 The Spandrels of San Marco and the Panglossian Paradigm」이라는 제목의 흥미로운 논문이 있는데요. 스팬드럴은 유럽의 성당 같은 곳에서 기둥과 기둥을 둥그렇게 연결할 때 생기는 삼각형 모양의 여백을 일컫습니다. 이곳을 텅 빈 채로 놔둘 수 없어서 유명한 종교적 일화나 성인의 모습 같은 것을 그렸는데, 아예 처음부터 그림을 그리기 위해 스팬드럴을 의도적으로 만들었다고 주장하는 것은 올바르지 않다는 거죠. 또 팡글로스는 프랑스의 계몽철학자인 볼테르가 쓴 『캉디드』라는 소설의 등장인물인데요. 이 팡글로스가 굉장히 낙천적인 철학자입니다. 그는 이 세상의 모든 것이 최선으로 이루어져 있다고 믿죠. 코는 안경을 걸치기 위해, 두 다리는 바지를 입기 위해 만들어졌다는 식의 얼토당토않은 주장을 합니다. 그러니까 이 논문은 지금 우리가 안경을 쓰고 있으니까 코라는 기관이 애초에 안경을 받치기 위해서 진화했다라는 식의 사후 해석을 하는 것은 사실과 어긋날 확률이 높다는 이야기를 풍자적으로 표현하고 있습니다.

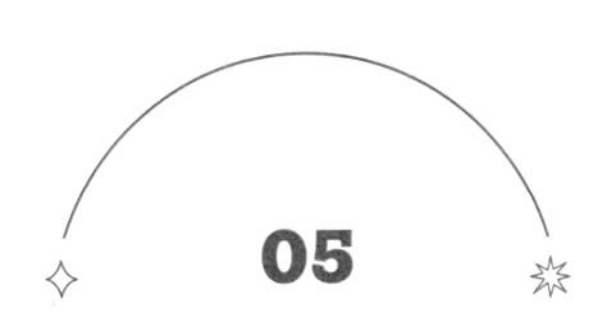

진화를 거듭하면 인간이 하늘을 날 수도 있을까?

✳

하늘을 나는 새들을 보면 참 부럽습니다. 인간도 하늘을 날고 싶은 욕망이 있어서 패러글라이딩이나, 윙슈트 같은 스포츠를 즐기는데요. 특히 윙슈트를 입고 절벽에서 뛰어내려 활강하는 인터넷 동영상을 보면 아슬아슬 위험해 보이면서도 따라 해보고 싶은 마음이 들 정도로 대단하더라고요. 인간은 조류가 아니라 포유류이기는 하지만 진화를 거듭하다 보면 하늘을 나는 날도 올 수 있을까요?

인간이 하늘을 날아야만 생존에 더 유리한 환경이 몇 천만 년 동안 계속된다면 아마도 날개가 생긴다거나 하는 진화가 이루어질 수도 있을 겁니다. 만약 갑자기 핵전쟁이 발발해서 인류 문명이 완전히 파괴된 후 몇몇 남은 생존자들이 서로 단절된 채 아주 오랜 기간을 주변 환경에 적응하며 살아가다 보면 다른 특성을 가진 여러 종으로 분화할 수도 있겠죠.

예를 들어 파푸아뉴기니 같은 고립된 태평양 섬의 원주민들이 바닷속에서만 식량을 구할 수 있어서 몇백만 년 동안 바다에 들어가 물질을 한다면 손가락이 물갈퀴처럼 생존에 더 유리한 형질로 진화할 수도 있습니다. 비록 SF이긴 하지만, 1995년에 개봉한 영화 〈워터월드〉에 비슷한 이야기가 등장합니다. 기후위기로 인해 지구 표면 대부분이 바다로 덮인 세상을 배경으로 하는데, 주인공인 케빈 코스트너가 생존을 위해 물갈퀴와 아가미가 있는 신체로 진화한 것으로 나오죠.

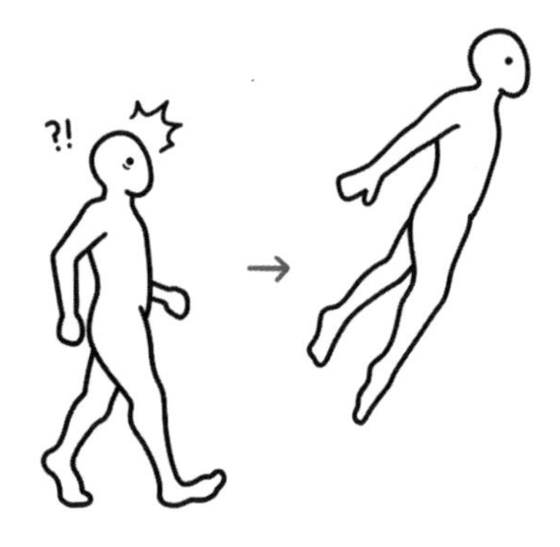

인류 진화의 미래엔 이렇게 하늘을 날 수도 있을까?

우리와 같은 포유류인 고래 역시 육지 동물이었는데 바다로 삶의 터전을 바꾼 사례에 해당합니다. 핵전쟁에서 살아남은 인류의 한 집단이 섬이 아니라 험준한 절벽 지형이나 커다란 동굴 속에 고립되었다면 처음에는 날다람쥐처럼 활강을 위한 진화가 이루어지고, 그다음에는 하늘을 날 수도 있겠죠. 그 증거를 우리와 진화계통학적으로 무척 가까운 포유류인 박쥐를 통해 볼 수 있습니다.

언뜻 생각하면 박쥐의 날개가 팔과 몸통 사이에 막이 있는 구조일 거로 착각하기 쉬운데요. 그게 아니라 마치 양서류의 물갈퀴처럼 기다란 손가락 사이의 피부가 점점 늘어나 날개 역할을 하는 것입니다. 이를 비막飛膜이라고 부르는데, 무척 얇은 피부로 이루어져서 자칫 건조해지면 쉽게 찢어질 수 있어서 박쥐는 끊임없이 입으로 핥아 관리에 신경을 쓰죠. 그리고 깃털은 없지만 아주 자세하게 살펴보면 미세한 털로 뒤덮여 있습니다. 박쥐는 그저 날 수 있는 데서 그치는 것이 아니라 뛰어난 비행 솜씨를 자랑하는데요. 이 날개의 털로 몸을 스쳐가는 공기의 속도와 방향을 감지해서 자유로운 비행을 할 수 있습니다. 급격한 각도의

방향 전환부터 정지 비행, 심지어 거꾸로 날 수도 있습니다.

만약 사회자의 질문이 지금은 땅을 기어 다니는 뱀이 언젠가 하늘을 날 수 있을지에 대해 물어봤다면 아마도 거의 불가능하지 않겠냐고 대답했을 겁니다. 앞에서도 비슷한 내용이 있었지만, 새의 날개 깃털이 처음부터 하늘을 날기 위해 진화한 건 아니라는 것이 현재의 일반적인 견해거든요. 최근 새롭게 발견되는 공룡의 화석들을 살펴보면 이미 깃털이 있는 공룡이 다수 있었는데, 그 용도는 체온을 유지하거나 짝짓기 상대방에게 매력을 뽐내기 위해, 혹은 알을 따듯하게 품어주기 위해서였고, 그 이후 하늘을 날 수 있게 진화하는 데 역할을 했다고 생각하는 거죠. 한마디로 진화는 불규칙한 우연과 생존을 위한 필연이 섞여 무한대에 가까운 경우의 수가 발생하는 확률의 세계입니다. 그래서 최소한 뱀보다는 인간이 기다란 팔이 달려 있으니 언젠가 하늘을 나는 쪽으로 진화할 확률이 더 높다고 추론해볼 수는 있겠죠.

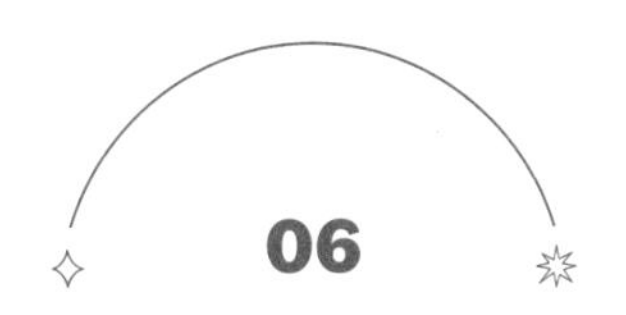

06

인간과 동물의 신체 능력을 비교할 수 없는 이유?

✳

저도 그렇고 대개는 인간이 동물보다 신체 능력이 떨어진다고 생각하는 것 같은데요. 당연히 인간보다 체구가 큰 동물은 힘이 더 세겠지만 비슷한 크기의 고릴라나 침팬지도 우리보다는 더 강력한 신체 능력을 가진 것 같거든요. 정말로 인간의 신체 능력이 다른 동물들보다는 떨어지는지, 그렇다면 왜 그런지 이유가 궁금합니다.

예를 들어 인간은 하늘을 날 수 없으니까, 조류와 비교하면 당연히 비행 능력은 떨어진다고 할 수 있습니다. 물고기와 잠수 경쟁을 한다거나 어두운 동굴에서 박쥐와 숨바꼭질을 한다거나 하는 건 아무래도 터무니없겠죠. 수백만, 아니 수천만 년 동안 환경에 맞추어 독특하게 진화한 능력들이니까요. 그러면 아무래도 우리와 덩치가 비슷한 포유류와 신체 능력을 비교해야 의미가 있을 겁니다. 하지만 이런 식으로 비교하기 전

에 분명히 짚고 넘어가야 할 문제가 있습니다. 우리 인간의 신체 능력을 표준화할 수 있는가 하는 점입니다. 비교를 위해서는 인간의 능력이 대략적으로라도 이 정도 수치라고 이야기할 수 있어야 하니까요. 그래서 이런 식으로 말할 수밖에 없는 거죠. 대부분 인간은 펭귄보다 수영을 못하지만, 만약 올림픽에서만 무려 23번 우승한 마이클 펠프스나 우리나라의 조오련 선수라면 한번 펭귄과 붙어볼 만하지 않을까? 또한 개미는 자기 몸무게의 몇 배를 들 수 있다고 하는데, 장미란 선수라면 한번 겨뤄볼 만하지 않을까?

여기서 강조하고자 하는 점은 인간의 신체 능력치 자체가 무한한 발전 가능성을 품고 있다는 사실입니다. 현재 생존해 있는

인류 전체를 통계 분석한 숫자가 인간이라는 동물의 신체 능력치라고 주장할 수도 있지만, 정확히 이야기하면 그 숫자는 지금의 발달한 문명사회를 살아가는 2024년 인류의 평균인 것이지, 수십만 년을 살아온 호모 사피엔스라는 종의 평균은 아닌 거죠. 특별히 강한 신체 능력을 요구하는 환경에서 살았던 호모 사피엔스들은 현생인류와는 많이 다를 수도 있는 겁니다.

또 다른 예를 들어볼게요. 고릴라나 오랑우탄, 심지어 침팬지와 비교하더라도 인간의 근력이 미치지 못할 거라고 많이들 이야기하는데, 프로레슬러였던 '더 락' 드웨인 존슨이나 마동석 배우라면 어떨까요. 누군가는 그래도 상대가 안 될 거라고 할 수도 있고, 또 다른 누군가는 이길 수도 있지 않을까 하고 의견이 갈릴 수 있겠지요. 문제는 우리가 그런 동물들의 신체 능력 평균치 역시 분석해본 적이 없다는 겁니다.

특히 근육은 에너지를 매우 많이 소비하는 기관입니다. 그래서 근력이 필요하지 않을 때는 근육이 울퉁불퉁하게 도드라진 상태를 유지하는 것이 오히려 비합리적인 거죠. 만약 원숭이들이 나무 위에서 생활할 필요가 없어지고, 실제로 몸의 근육을 덜 사용하게 된다면 얼마나 빠른 속도로 근육의 부피가 줄어들지도 궁금하긴 하네요. 더구나 유인원과 인간이 오래달리기 경쟁을 한다면 인간이 승리할 확률이 훨씬 높습니다. 근육에는 순간적으로 빠르고 강한 힘을 발휘하는 백색근이 있고, 오랜 시간 힘을 유지하는 적색근이 있는데 인간은 적색근이 더 발달해 있거든요.

결론적으로 정확하게 인간과 동물의 신체 능력을 비교하려면, 먼저 유전적으로 정해진 DNA의 차이와 환경이 미치는 영향에 따라 발생하는 차이 등 여러 요소들을 감안해야 합니다. 이런 효과들을 모두 더하고 빼서 객관적으로 비교하는 것이 그렇게 쉬운 일은 아닐 것 같네요.

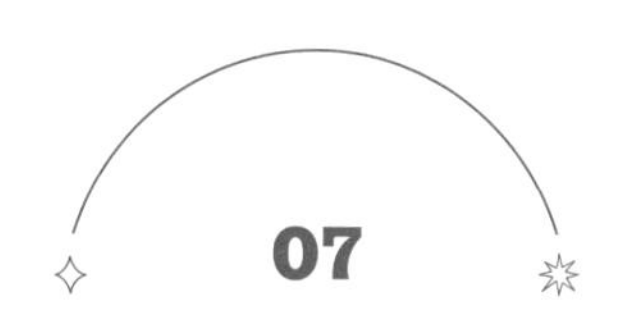

어쩌다 인류를 구원한 생물학자가 있다던데…

✳

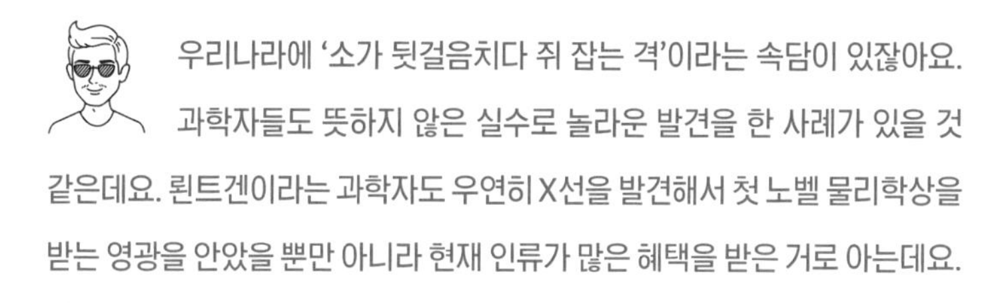

우리나라에 '소가 뒷걸음치다 쥐 잡는 격'이라는 속담이 있잖아요. 과학자들도 뜻하지 않은 실수로 놀라운 발견을 한 사례가 있을 것 같은데요. 뢴트겐이라는 과학자도 우연히 X선을 발견해서 첫 노벨 물리학상을 받는 영광을 안았을 뿐만 아니라 현재 인류가 많은 혜택을 받은 거로 아는데요. 이런 흥미로운 사례가 또 있을까요?

이 질문을 듣자마자 많은 생물학자가 최초의 항생제인 페니실린을 떠올릴 것 같습니다. 생물학의 역사에서 가장 위대한 발견을 꼽으라면 알렉산더 플레밍Alexander Fleming의 페니실린이 웬만해서는 1위 자리를 놓치지 않을 겁니다. 그 이유를 굳이 설명할 필요도 없는 것이, 페니실린이 셀 수 없이 많은 생명을 직접적으로 살렸고 지금도 아이들의 건강을 지키는데 항생제가 필수적으로 쓰이고 있으니까요. 인류의 평균 수명

이 획기적으로 늘어난 데에도 항생제의 도움이 컸습니다. 항생제가 없었다면 현재 세계 인구 자체가 절반밖에 되지 않을 거라고 말하는 사람이 있을 정도죠.

페니실린이 발견되기 이전에는 작은 상처, 예를 들어 넘어져서 다쳤다거나 가시에 찔린 상처만으로도 목숨을 잃었습니다. 세균이 상처에 감염되면 어찌할 도리가 없었거든요. 극단적인 치료로 환부를 도려내거나 자르기도 했는데, 그 과정에서 다시 감염이 발생하는 예도 많았고요. 이런 감염증의 원인이 박테리아, 즉 세균이라는 사실을 안 것도 기나긴 인류의 역사를 생각하면 그리 오래된 일이 아닙니다. 1855년 루이 파스퇴르Louis Pasteur는 포도주가 자꾸 시큼한 맛으로 상하는 이유를 찾아달라는 프랑스 양조업자들의 부탁을 받고 변질된 포도주 표본을 현미경으로 연구하다가 세균이 범인이라는 사실을 알아내죠. 그리고 끓이지 않고도 세균을 없앨 수 있는 파스퇴르 저온 살균법을 개발했습니다. 우리가 먹는 우유나 요구르트에서 파스퇴르의 이름이 자주 눈에 띄는 이유가 여기에 있습니다.

그런데 이렇게 중요한 발견이 과학자의 부주의나 게으름, 극히 낮은 확률의 우연이 겹쳐서 이루어졌다는 점이 흥미롭습니다. 알렉산더 플레밍은 감염균을 연구하던 생물학자였는데, 휴가를 가면서 깜빡했는지, 아니면 귀찮았는지 포도상구균을 배양해놓은 용기를 배양기에 넣지 않고 실험대 위에 그대로 놓아두었습

니다. 마침 바로 아래층에서는 곰팡이로 알레르기 백신을 만드는 연구를 하고 있었죠. 그런데 이 곰팡이의 포자 하나가 위층으로 날아올라 운명처럼 플레밍이 놓아둔 배양용기에 내려앉은 거죠. 바로 푸른곰팡이로 알려진 '페니실리움 노타툼penicillium notatum'이었습니다. 게다가 신기하게도 그해 여름은 다른 해와 달리 곰팡이가 증식하기에 딱 알맞은 기온이 유지됐다고 합니다.

플레밍이 휴가를 마치고 돌아와 보니 배양용기에 곰팡이가 파랗게 피어 엉망이었는데, 유독 곰팡이가 핀 자리에서만 배양하던 균들이 다 죽어 있었던 겁니다. 그래서 이 곰팡이에서 균을 죽이는 무언가가 나왔을 것으로 생각한 거죠. 마침내 플레밍은 추가 연구를 통해 이 푸른곰팡이로부터 페니실린 성분을 분리해내는 데 성공합니다. 그리고 페니실린이 포도상구균뿐만 아니라 연쇄상구균, 뇌막염균, 임질균, 디프테리아균에도 항균 효과가 있다는 사실을 밝혀냅니다.

이 사건을 계기로 과학자들은 자연계에는 인간뿐만 아니라 모든 생물이 각자 나름의 방식대로 생명을 위협하는 박테리아와 싸우는 물질을 지니고 있다는 사실을 확인했고, 페니실린 이후에도 방선균 등 다양한 미생물로부터 많은 종류의 항생물질을 개발했습니다.

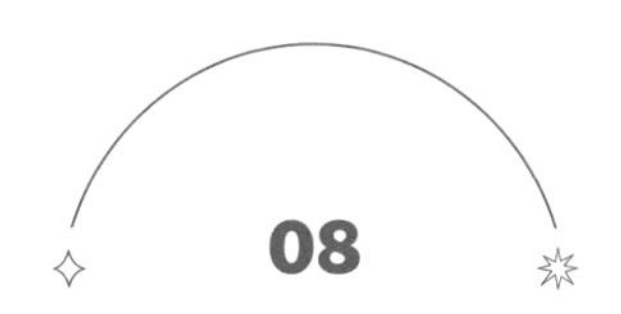

1억 년 전으로 돌아가면 인류가 다시 출현할까?

✳

만약 생물 진화의 역사를 1억 년 전으로 되돌린 다음, 그때부터 다시 시간이 흐른다면 과연 호모 사피엔스가 탄생하고 현생인류처럼 고도의 문명을 이루는 과정이 반복될까요? 적절한 비유인지는 모르겠지만, 역사에 가정은 없다는 말이 있죠. 이미 지나온 과거인데 이런저런 가정을 하는 건 실익이 없다는 의미인 것 같은데요. 하지만 인류의 탄생에 어떤 소중한 의미가 깃들어 있다면 결국 진화의 마지막에는 우리가 존재하고 있어야 하는 것은 아닌지, 정말 궁금하긴 합니다.

진화생물학에서 가장 핵심 키워드 중 하나를 꼽으라면 '우연과 필연'일 겁니다. 사회자의 질문을 해결하려면 지구상 생물체의 진화 과정에서 우연과 필연 중 어느 쪽이 더 강한 영향을 미쳤는가를 따져봐야겠죠. 만약 우연보다 필연이 강력하게 작용했다면 다시 현재의 지구 생태계와 비슷한 광경이

펼쳐지겠죠.

『이기적 유전자』를 쓴 리처드 도킨스Richard Dawkins는 우리나라 사람들에게 가장 널리 알려진 진화생물학자인데요. 그는 진화를 이끌어가는 주인공이 각 생물 개체가 아니라 유전자이며, 우리 인간 개개인 역시 생명 진화의 관점에서는 유전자를 보존하고 증식하기 위해 프로그램된 수단에 불과하다고 주장했습니다. 또 도킨스는 자연선택으로 이루어지는 진화를 '눈먼 시계공'이 시계를 조립하는 과정에 비유합니다. 생물의 진화 과정은 숙련된 시계공이 설계도에 따라 정확하게 부품을 조립하는 것처럼 진행되는 것이 아니라, 앞이 보이지 않는 어둠 속을 더듬어 부속을 끼워 맞추는 것처럼 변수가 발생한다는 겁니다. 하지만 그 과정은 끊이지 않고 계속해서 점진적으로 이루어졌다고 보는 거죠.

리처드 도킨스와 생명체의 진화가 점진적이었는지, 단속적이었는지를 다투었던 진화생물학자가 스티븐 제이굴드Stephen Jay Gould 교수인데요. 그는 생명체들이 변이變異 없이 안정적으로 상당 기간을 살아가다가 특정한 시기에 급격하게 진화 과정을 겪는다는 '단속평형설'을 주장했죠. 그 방향 또한 진보가 아니라, 그러니까 더 좋게 발달하는 게 아니라 그저 다양성의 증가라고 말했습니다.

제이굴드 교수는 자신이 저술한 『원더풀 라이프』라는 책에서 이런 비유를 합니다. 디지털 음원이 나오기 전에 우리는 카세트

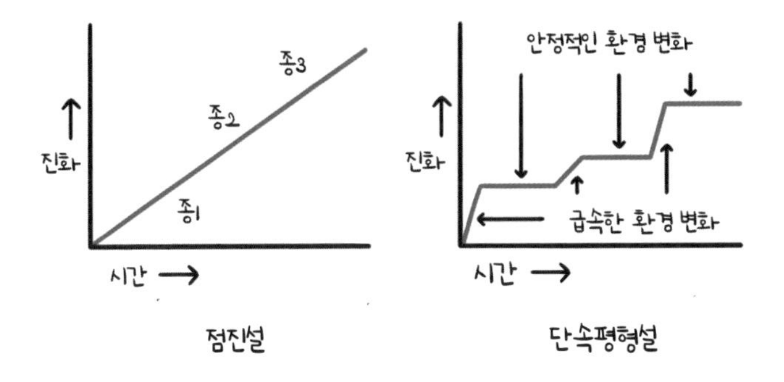

테이프로 음악을 즐겼잖아요. 그는 "지구 생명 진화의 40억 년 역사를 카세트 테이프처럼 되감아서 다시 재생하면 인간을 포함해서 지금과 비슷한 생물들이 출현할까?"라는 질문을 던지고 사고실험을 하는데요. 그의 답은 그렇지 않다는 것이었습니다.

한 가지 단적인 예를 들어 설명하면 현재는 조류로 진화한 생물들을 제외한다면, 공룡이 없잖아요. 그리고 공룡 시대를 끝낸 사건이 생물의 내적인 진화 결과가 아니라, 외부 환경의 급격한 변화에 의해 발생한 것으로 알려져 있죠. 거대 운석이 우주에서 날아와 유카탄반도에 충돌하면서 중생대와 함께 공룡 시대가 종말을 고한 거니까, 만약 당시 그런 외적인 사건이 없었다면 지금도 지구는 공룡이 지배하는 세상일 수도 있는 거죠. 만약 그렇다면 호모 사피엔스가 탄생하고 지금처럼 고도의 문명을 이룬 인류는 현재 존재하지 않을 확률이 높습니다. 인간이 포함된 포유동물이 번성한 게 결국은 공룡이 멸종하면서 생태계의 중요한

자리를 비워준 덕택이 클 테니까요. 그러니까 생물 진화의 내재적 필연보다는 운석 충돌이라는 외재적 우연이 강력하게 작용해서 지구 전체의 생태 환경을 바꿔버린 겁니다. 그래서 스티븐 제이굴드는 생물 진화의 과정이 모두 필연적인 적응의 결과라고 생각하는 것이 몹시 위험하다고 강조했습니다.

이와는 정반대로 진화도 물리 법칙처럼, 마치 사과를 100번 떨어뜨리건, 1,000번 떨어뜨리건 다 바닥으로 떨어지듯이 진화에도 물리 법칙과 같은 정형적인 패턴이 있다는 것을 보여주는 대표적인 연구들도 있습니다. 그중 가장 흥미로운 연구가 미시간주립대학교 리처드 렌스키Richard Lenski 교수의 대장균 진화 실험인데요. 1988년 2월에 시작된 실험이 지금까지도 진행되고 있죠. 어떤 실험이냐면, 대장균을 키우면서 원래 공급하던 포도당의 양을 갑자기 90% 줄이면서 이에 따른 대장균의 변화를 살펴보는 겁니다. 쉽게 말해서 대장균의 밥을 10분의 1로 줄여버린 겁니다. 대장균은 얼려서 보관할 수 있는데, 이렇게 변화한 조건에서 어떻게 적응하는지를 단계별로 냉동해서 진화 과정을 관찰하고 있습니다. 만약 인간을 상대로 이런 실험을 하려면 몇십만 년이 걸릴 텐데, 대장균은 하루에도 몇 세대가 이어지니까요.

일단 조상 대장균을, 다시 말해서 최초의 실험 대상 대장균을 12개의 개체군으로 나눈 다음 포도당을 10분의 1로 줄인 조건에서 실험 기간별로 얼려 나갔는데, 처음에는 비실거리면서 번식을 못 하던 대장균이 시간이 지나면서 돌연변이가 출현하고 새로운 먹이 환경에 적응하는 게 확인됩니다. 포도당이 부족한 환경에 맞추어 대사회로代謝回路 같은 것을 다시 조정하는 거죠. 그런 변화가 나타난 이후에 얼려놓은 원래의 조상 대장균을 되살려 누가 더 잘 자라는지 경쟁을 시켜보기도 하면서 검증을 했습니다. 적응하는 속도가 처음보다 느려지긴 하지만 멈추지 않고 진화해간다는 연구 결과가 나왔습니다. 또 진화가 불규칙한 우연으로 발생한다면 12개의 개체군에서 같은 변화가 나타날 수 없는데 모두 같은 방향으로 진화해가더란 거죠.

그리고 4,000세대 전에 냉동 보관했던 대장균을 해동하여 같은 환경에서 이 과정을 반복하면 이전과 같은 진화의 패턴을 나타냅니다. 이는 앞에서 가정했던 1억 년 전으로 진화의 시계를 되돌리는 실험을 실제로 해봤다고 볼 수 있죠. 그랬더니 같은 방향으로 진화가 이루어졌다는 것을 확인할 수 있었습니다. 그러니까 이는 진화의 우연과 필연이라는 요소 중에서 필연이 강력하게 작용한다는 증거로 볼 수 있죠. 여기서 더욱 흥미로운 건 4,000세대보다 훨씬 이전 세대로 되돌려보면 다른 진화의 패턴을 보인다는 사실입니다. 즉 과거로 돌아가 진화의 시작점을 다시 설정하면 그 결과가 지금과 다를 수 있다는 이야기인데요. 같은 종이라도 우연적인 요인(돌연변이나 환경의 예기치 않은 변화 등)에 따라 다른 방향으로 진화했을 가능성이 있다는 뜻입니다.

결국 진화의 패턴은 우연이나 필연 중 어느 한쪽이 정답인 것이 아니라 두 가지 요소가 복합적으로 작용하는 것으로 생각하는 것이 적절합니다. 결론적으로 지구에 생명체가 탄생했던 초창기로 진화의 시계를 되돌린다면 다시 지금과 같은 인류가 진화할 확률은 제로까지는 아니더라도 극히 희박할 겁니다. 하지만 대략 10만 년 전으로 되돌린다면 그 확률은 훨씬 올라가겠죠.

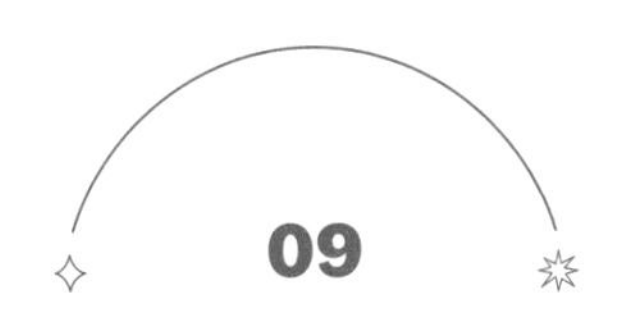

09

공룡은 왜 우리처럼 문명을 이루지 못했을까?

*

현재 지구에 생존하는 동물 중 주인공이 누구냐는 질문에 꼭 인간이라고 답할 수 없다고 이야기하는 사람들도 있더라고요. 다만 조화로운 지구의 생태 환경을 망치면서도 가장 이기적이고 폭력적인 동물을 꼽으라면 의심할 여지 없이 인간일 거라고 하는데, 그렇다고 하더라도 인간이 강력하게 지구를 지배하는 종이라는 사실을 부정할 수는 없을 겁니다. 이렇게 인간이 확연히 지구를 지배한 기간은 아무리 길게 잡아도 수만 년을 넘기기 어려울 것 같은데, 과거 공룡은 1억 년이 훨씬 넘는 기간 동안 지구상에서 가장 번성한 종이었잖아요. 그런데도 어째서 공룡은 인간처럼 지능이 발달하거나 초보적인 문명이라도 이루지 못했을까요?

우선 확실하게 짚어두고 싶은 점이 있습니다. 우리는 지나치게 인간 중심적 사고에 매몰되어 있어서 인류가 엄청나게 어려운 진화를 이루어냈다고 생각한다는 거예요. 하지

만 이는 다른 관점에서 바라볼 필요가 있습니다. 인류의 지능이 이렇게 폭발적으로 성장한 것은 진화의 역사를 기준으로 봤을 때 찰나와 같은 짧은 순간에 불과하거든요. 생명의 역사를 40억 년으로 봤을 때 인류라는 종이 공통 조상으로부터 침팬지 같은 유인원과 갈라져 나온 게 길어야 1000만 년 전입니다. 그렇기에 거의 2억 년 가깝게 생존했던 공룡들도 인간만큼 똑똑하게 진화할 수 있는 시간은 충분했었다는 거죠. 생물학자의 관점에서는 커다랗고 복잡하면서도 성능 좋은 컴퓨터와 같은 뇌라 하더라도 진화의 과정을 통해 만들어내는 것은 그렇게 어려운 일이 아니거든요. 그렇다면 이렇게 질문을 바꿔볼 수도 있습니다. '왜 못했을까?'가 아니라 '가능한데도 왜 그런 뇌를 만들어내지 않았을까?'라고 말이죠.

인간의 지능이 다른 동물들과 차원이 다를 정도로 높은 수준으로 발달한 이유에 대해 다양한 주장들이 있습니다. 그럴 수밖

최초의 호미닌이
지구상에 나타난 시간: 1000만 년

공룡이 지구상에
존재한 시간: 2억 년

에 없는 것이 치열한 먹이 경쟁을 통해 생존하기 위한 효율을 따져본다면 다른 기관과 비교해 에너지를 많이 소모하는 뇌에 자원을 투자하는 것이 합리적인 선택은 아니거든요. 실제로 인간 뇌의 중량은 전체 몸무게의 3% 정도일 뿐인데도 신체 대사의 20%에 해당하는 에너지를 소비하는 값비싼 기관입니다. 그래서 인간 지능 발달의 이유에 관해 언어의 사용, 사회성의 발달, 손에 자유를 준 직립보행 등을 포함해서 도구의 사용이라든가, 불로 음식을 익혀 먹는 습관이라든지 여러 가지 가설이 존재합니다.

그 최초의 도화선이 무엇이었든 간에 결국은 진화적 줄달음 선택상황이 특정한 형질, 즉 과도한 뇌의 발달을 불러일으켰다고 생각하는데요. 여러 가지 원인 중 언어 사용을 예로 들어보면 처음에는 단순하고 원시적인 언어를 쓰기 시작했는데, 지적인 능력이 조금이라도 더 높아서 이 언어를 보다 잘 이해하고 활용하는 개체가 더 잘 생존하는 자연선택을 받았고, 그러면 이 개체는 더 복잡한 언어를 구사할 수 있게 되고, 다시 지적인 능력이 더 발달한 개체가 자연선택을 받는 과정이 무한히 반복되면서 과도하게 인간의 뇌가 발달했다는 겁니다. 줄달음 선택으로 특정 형질이 과도하게 진화한 대표적 사례가 바로 수컷 공작의 길고 아름다운 꼬리인데요. 이는 암컷을 유혹하는 데는 유리하지만 포식자로부터 도망치는 데는 너무 거추장스럽게 진화한 거죠. 그러니까 수컷 공작의 꼬리가 인간에게는 뇌에 해당합니다.

다시 앞의 질문으로 돌아가서, 공룡은 왜 뇌에 집중하는 진화적 선택을 하지 않았을까요? 현재는 진화를 이끄는 가장 강력한 힘이 자연선택이라는 데 거의 이견이 없습니다. 자연선택은 종의 생존에, 더 정확히 표현하면 '더 많이 살아남는' 데 도움이 되는 형질을 선택하거든요. 그렇다면 인간의 지능은 우리가 더 많이 살아남는 데 도움이 되고 있을까요? 과연 우리의 높은 지능은 지구 생태계를 무너뜨리지 않고 공룡이 살았던 기간만큼이라도 인간이라는 종이 생존할 수 있게 할까요? 1억 년 뒤에도 지구상에 호모 사피엔스가 존재하고 있을까요? 인간 문명이 탄생시킨 핵무기라든지, 기후위기라든지, 산업 쓰레기나 공해 등등을 떠올리면 선뜻 긍정적인 대답을 하기가 쉽지 않습니다.

또 다른 측면에서 생각해보면, 지능이 발달하고 고도의 추상적 사고를 할 수 있게 되면 '왜 내가 유전자의 굴레에 갇혀 애를 낳아 힘들게 키워야 하지?' 하는 의문을 떠올릴 수 있는 거죠. 실제로 지금 똑똑한 사람들이 많이 사는 선진국일수록 저조한 출생률이 문제이고, 심지어 우리나라는 현재의 출생률이 개선되지 않는다면 불과 200~300년 안에 인구 감소로 인해 국가 자체가 소멸할 수 있다는 전망이 나올 정도입니다. 리처드 도킨스가 인간의 처지에서 볼 때 유전자가 주인의 삶을 불행에 빠트리면서도 오로지 자신의 생존과 번식만을 목표로 한다는 점에서 '이기적 유전자'라고 표현했다면, 같은 방식으로 유전자의 처지에서 볼 때 인간의 뇌는 유전자의 번성을 우선순위에 두지 않고 이번 생의 행복만 좇는다는 점에서 '이기적 대뇌'라고 재미있게 표현해볼 수도 있겠네요.

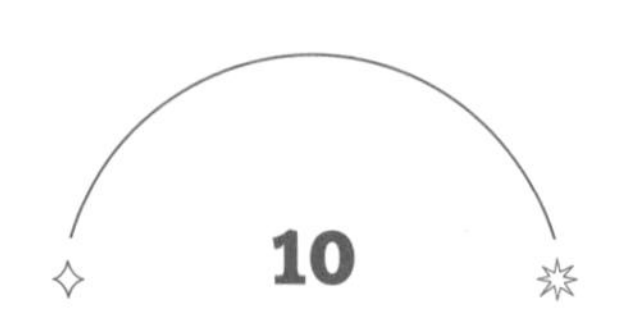

10

'다윈의 불도그'로 불린 사람이 있었다고?

✳

인류의 과학사를 살펴보면 종교가 사고의 확장을 막았던 악영향이 무척 컸습니다. 지동설도 그렇고 생명 진화론도 그렇고, 과학적인 발견을 하고도 이를 발표하기까지 큰 용기가 필요했다고 알고 있는데요. 특히 다윈은 생명 진화의 원리를 담은 위대한 책 『종의 기원』을 써놓고도 오랜 기간 출판을 주저했다는 이야기가 있더라고요. 반면에 어떤 학자는 '이렇게 당연한 생각을 왜 나는 하지 못했을까' 하며 한탄했다고도 하던데, 이와 관련한 이야기가 궁금합니다.

토머스 헉슬리Thomas Henry Huxley라는 영국의 생물학자가 정확하게 이렇게 이야기했죠.

"그걸 생각하지 못하다니, 도대체 얼마나 지독하게 멍청한가!How extremely stupid not to have thought of that!"

그는 다윈의 위대한 책 『종의 기원』을 읽고 '더 잘 적응하는 것이 더 잘 살아남는다'라는 자연선택의 쉬운 이치를 왜 자신이 먼저 생각해내지 못했느냐며 탄식했습니다. 이후 이 말은 여러 유명한 과학 이론에 대하여 '이렇게 뻔한 걸 왜 먼저 생각해내지 못했을까'라고 표현할 때 가장 흔히 쓰이는 대표적인 관용구가 되었습니다.

사실 다윈은 『종의 기원』 초판본이 매진되는 등 선풍적인 인기를 끌었는데도 자신의 주장을 공격적으로 설파하고 다니지는 못했습니다. 당시만 해도 신이 인간을 창조했다는 명제는 사실 여부를 떠나 그 누구도 부정하기 힘든 종교적 권위에 의해 뒷받침되고 있을 때니까요. 『종의 기원』이 출간된 다음 해에 '신이 인간을 창조했는가' 아니면 다윈의 주장처럼 '인간은 유인원에서 진화했는가' 하는 두 주장을 놓고 옥스퍼드 대학교에서 역사적인 논쟁이 벌어졌는데요. 이 자리에 진화론을 주장하는 대표 연사로 나온 사람 역시 다윈이 아니라 바로 토머스 헉슬리였습니다. 또 그는 어렵기로 소문난 다윈의 진화론을 쉽게 풀어낸 『자연계에서 인간의 위치』라는 책을 저술하기도 했죠. 그래서 이후 그는 '다윈의 대변인' 또는 '다윈의 불도그'라는 별명으로 불렸습니다.

헉슬리는 온갖 비난에도 굴하지 않고 자연선택에 따른 생명체의 진화라는 진실을 전파하는 데 주저하지 않았습니다. 이와 관련된 유명한 일화들이 전해지는데요. 옥스퍼드 논쟁에서 상대방

이 다음과 같은 모욕적인 질문을 던졌습니다.

"신이 창조한 생명체가 우리의 조상이 아니라면, 네 친가나 외가 중 어느 쪽이 원숭이를 조상으로 두고 있느냐?"

그는 이 질문에 이렇게 강하게 맞받아쳤습니다.

"당신처럼 진실을 왜곡하는 사람과 혈연관계가 되느니 차라리 원숭이를 조상으로 두는 게 덜 부끄러운 일이다."

또 누군가가 '다윈의 개'라고 비난하자 이왕이면 상대방을 물어뜯는 불도그로 불러달라고 해서 '다윈의 불도그'라고 불리게 되었고 하죠.

토머스 헉슬리는 가난한 집의 여덟 남매 중 일곱 번째로 태어나 초등 교육마저 제대로 마치지 못했지만 독학으로 지식을 쌓아 영국 왕립학회의 회장까지 역임한 천재적인 인물입니다. 그는 증거를 통해 진실을 찾아가는 과학적 방법론을 신앙처럼 믿었던 당대의 대표적인 자유주의 과학자이기도 한데요. 그러면서도 신의 존재나 우주의 기원에 대한 질문은 그 누구도 과학적 근거로 답을 말할 수 없다는 뜻의 '불가지론agnosticism'이라는 말을 처음 사용하기도 했습니다. 또 '소마'라는 마약으로 인간의 자유의지를 억압하는 미래 세계를 그린 대표적인 디스토피아 고전 소설 『멋진 신세계』를 쓴 작가 올더스 헉슬리의 할아버지로도 잘 알려져 있죠.

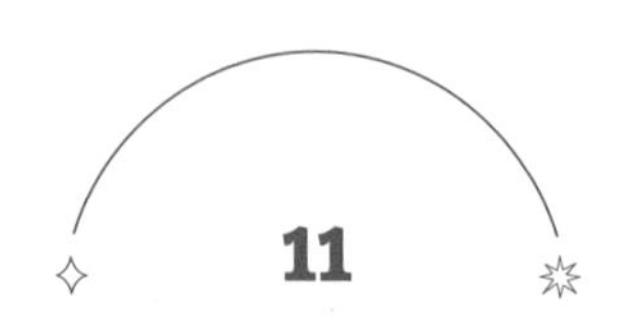

11

미래의 인간을 그린 가장 인상적인 영화는?

*

미래의 인간이 어떻게 살아가는지에 관한 영화가 많습니다. 인류의 지능이 퇴화해 바보가 된다거나 엄청난 전염성을 가진 바이러스로 인해 대다수가 좀비로 변한다거나 모든 여성이 불임이 되어 인류가 자연스레 멸종의 길을 걷는다거나, 갖은 상상력을 발휘해 다양한 시나리오로 나와 있는데요. 생물학자의 관점에서 특히 인상적인 영화가 있었나요? 있다면, 그 이유는 무엇일까요?

질문을 듣자마자 가장 먼저 〈매트릭스〉가 떠오릅니다. 1999년 개봉한 영화니까 지금으로부터 무려 25년 전으로 저도 무척 어렸을 때였는데요. 주인공인 키아누 리브스가 몸을 뒤로 눕히면서 무수히 날아오는 총알을 피하는 장면이 엄청 유명하죠. 이 영화에서는 인간의 뒤통수에 일종의 전극을 꽂아서 기계가 인간의 의식을 통제하는 설정이 등장합니다. 이를

묘사하는 장면이 시각적으로 무척 인상적이었던 건 차치하더라도 우리의 모든 의식과 감각들이 모두 뇌에서 벌어지는 신경 활동의 결과물이고, 기계로 통제할 수 있다는 내용은 가히 충격으로 다가왔던 기억이 납니다. 더구나 요즘 빛의 속도로 발달하는 것 같은 인공지능 관련 기술을 보면, 당시 사람들의 지식으로는 황당무계한 상상력을 발휘한 장면이었지만 지금은 정말 이 영화가 그린 미래가 인류의 현실로 다가올 수도 있지 않을까 걱정하는 학자들이 나타날 정도니까요.

실제로 챗GPT와 같은 인공지능과 대화하다 보면 가끔 소름이 돋을 때가 있습니다. 미리 프로그램된 범위 안에서 단순히 직접적인 명령어에 따른 결과만 내놓던 컴퓨터가 이제는 대화의 맥락을 이해하고 종합적인 사고 능력을 보여줄 뿐만 아니라 때로는 마치 자아가 있는 듯한 대답을 하기도 하거든요.

〈매트릭스〉에서는 지능이 있는 기계가 인간을 사육합니다. 그 목적이 자신들을 위한 에너지원으로 쓰기 위해서인데, 이 영화의 시나리오가 현실적으로 느껴지는 이유가 현재의 인공지능들도 엄청난 양의 전기를 소비하는 에너지

1999년 개봉한 영화 〈매트릭스〉 포스터.

몬스터이기 때문입니다. 인공지능의 근간인 거대언어모델LLM에 어마어마한 데이터를 저장해서 학습을 시키고 다시 복잡한 알고리즘을 거친 연산을 통해 인간과 가까운 사고를 하게 만들려면 단순하게 키워드를 넣어 검색한 결과를 내놓는 것보다 수십 배나 많은 전기가 필요하거든요. 그래서 기후위기를 막기 위한 인류의 탄소 중립 목표에 인공지능을 위해 건설하는 데이터센터들이 큰 걸림돌이 되고 있다는 뉴스가 나오는 이유입니다.

또 영화의 설정처럼 실제로 인간의 몸에 생체 전기가 존재하고, 대략 1시간에 100W 정도, 그러니까 하루에는 2,400W(2.4㎾) 정도의 전기를 만들어 사용한다고 하니까 정말로 인간의 지능을 뛰어넘는 인공지능이 탄생하고 통제 불가능한 수준으로 발전한다면 영화에서처럼 인간을 자신들의 에너지원으로 삼으려고 시도할 수도 있지 않을까요?

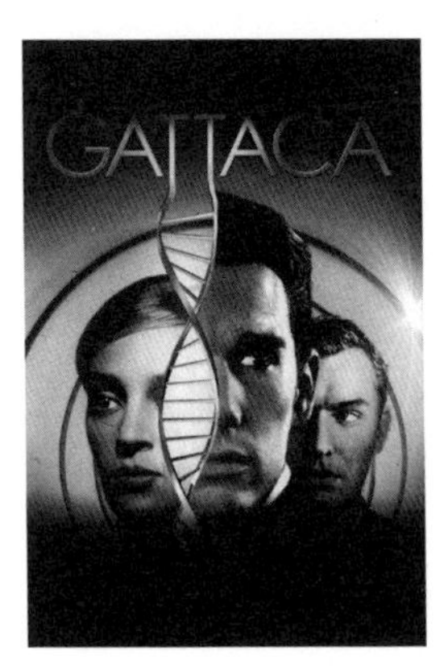

1998년에 개봉한 영화 〈가타카〉 포스터.

다음으로 인상적이었던 영화는 에단 호크와 주드 로가 주연을 맡았던 〈가타카〉(1998)인데요. 영화 제목부터가 생물학과 연관이 있습니다. 영문으로는 'Gattaca'인데, DNA를 구성하는 네 가지 성분인 구아닌G, 아데닌A, 티민T, 시토신C의 머리글자를 조합하여 만든 단어죠. DNA는 일종의 정보저장 장치인데, 생명체의 설계도와 관련한 모든 정보를 이 네 가지 성분들을 조합하여 저장합니다. 그 모습이 마치 두 가닥의 줄이 꼬여 있는 것처럼 보여서 '이중나선 구조'라고 부르죠.

우리의 키, 피부색, 성별뿐만 아니라 기질과 지능, 심지어 질병에 걸릴 확률까지도 DNA에 담긴 정보에 의해 결정적인 영향을 받습니다. 영화의 배경은 우수한 유전자를 가진 사람만이 중요한 직위에 오를 수 있는 미래 사회인데요. 주인공인 빈센트(에단 호크 분)는 우주를 향한 열망이 있지만, 시험관 수정으로 태어나 우수한 유전자를 가진 동생과는 달리 자연임신으로 태어나 열등한 유전자를 지니고 있었습니다. 그런 이유로 우주항공회사 가타카에 청소부로 입사할 수밖에 없었지만 빈센트는 우주를 향한 꿈을 포기하지 않았죠. 그는 우수한 유전자를 지니고 태어났지만 불의의 사고로 하반신 마비가 된 제롬 모로우(주드 로 분)의 DNA, 즉 그의 각질이나 소변, 혈액을 빌려서 신분을 확인하는 생체 인증에 사용하는 방법으로 우주항공회사 가타카에 엘리트 사원으로 위장 입사한 뒤 마침내 타이탄으로 향하는 우주선에 탑승합니다.

영화에서 특히 인상적인 장면 중 하나는 주인공 빈센트가 우수한 유전자를 지닌 동생과 밤바다에서 수영 내기를 벌여 이기는 순간입니다. 유전자가 온전히 인간의 능력과 운명을 결정하지는 않는다는 진리를 웅변하죠. 이 영화는 우생학의 위험성을 알려주기도 합니다. 히틀러의 나치 정권은 아리아 민족의 순혈주의를 강조하면서 사회 부적격자를 미리 제거한다는 명목으로 말로 형용하기 힘들 정도의 끔찍한 학살극을 벌였거든요. 우수한 유전자만 강조하다 보면 이런 비극이 재연되지 않는다는 보장이 없습니다.

구독자들의 이런저런 궁금증 2

Q1. SF 영화에서는 종종 머나먼 과거로 돌아간 인간들이 흥미로운 모험을 하는 내용이 나오는데요. 실제로는 고생대나 중생대의 지구 환경은 지금과 매우 다를 거로 생각됩니다. 현재의 인류가 삼엽충이나 공룡이 살던 시기의 지구로 돌아가더라도 정말 아무런 문제 없이 생존할 수 있을까요? 그리고 어느 정도 시기의 지구부터 인간이 살아갈 수 있는 환경이 되었을지도 궁금합니다.

-끼꾸니

우선 역사적으로 산소 농도와 기온이 굉장히 들쑥날쑥했고, 실제로 이러한 환경 요소의 급격한 변화로 대멸종이 오기도 했습니다. 현재의 대기 조건이나 온도와 비슷한 시기로 돌아가야 생존 확률이 높아질 것 같습니다. 흥미로운 점은 인류가 출현하고 진화한 시점이 신생대와 중생대를 통틀어 가장 추운 시기라는 점입니다. 인류가 어느 정도의 시기부터 살아갈 수 있는지는 인류가 발전시킨 과학기술을 얼마나 활용할지에 따라 달라질 것 같습니다. 기술을 전혀 사용하지 못한다면 매우 제한적일 것이고, 과학기술을 활용한다면 현재와 비교해 극한의 상황에서도 살아갈 수 있을 것 같습니다.

Q2. **인간이 현대 사회와 같이 발달한 도시 문명에서 살아온 기간은 기껏해야 수백 년이고, 범위를 넓혀 마을을 이뤄서 한곳에 정착한 농경 문화 속에서 살아온 기간을 따지더라도 기껏해야 수천 년입니다. 그래서 그 이전 수렵과 채집 생활의 환경에 맞추어 수백만 년 진화해온 인간의 유전자 때문에 우리는 끊임없이 정신적 불안감이나 신체적 비만에 시달릴 수밖에 없다는 글을 본 적이 있습니다. 지금은 오히려 생존에 도움이 되지 않는데도요.**

만약 현재의 도시 문명에서 인간의 유전자가 다시 수백만 년 진화한다면 어떤 변화가 있을까요? 관련된 학설이나 논문 같은 것이 있을까요?

-heaven228

분명 인간의 유전자가 문명 생활에 더욱 적합한 방향으로 변할 것이라고 예상합니다. 문명에서 더 잘 생존하고 더 잘 번식하는 데 도움을 주는 변이들이 선택될 것이기 때문입니다. 실제로 호모 사피엔스가 아프리카에서 나와 전 세계로 뻗어 나가는 과정에서 매우 중요한 유전 변이들이 생성되고 선택되었으며, 심지어 네안데르탈인, 데니소바인 등 먼저 유라시아에 진출한 다른 인류가 적응하며 획득한 유전 변이가 호모 사피엔스 집단으로 들어와 유라시아 대륙 생활에 적응하는 데 도움을 주었다는 연구 결과도 발표되고 있습니다.

Q3. 생명 진화의 원리를 알고 싶어서 질문하는데요. 가끔 육손이라고 해서 손가락이 여섯 개인 다지증 기형으로 태어나는 아이가 있습니다. 말도 안 되는 가정이지만, 만약 지구 환경이 정말 기이하게 변화해서 손가락이 여섯 개인 인간만이 살아남을 수 있고, 손가락이 다섯 개인 인간은 모두 생존하지 못했다면, 이후 호모 사피엔스라는 인간종은 손가락 여섯 개가 표준인 형태의 몸으로 진화하는 건가요?

-choonsong69

그렇습니다. 그리고 실제로 그러한 일이 일어난 동물이 바로 두 종류의 판다, 즉 자이언트 판다와 레서 판다입니다. 이 두 판다는 손가락이 아닌 다른 손 부분의 뼈로부터 여섯 번째 손가락이 만들어졌습니다. 이 가짜 엄지는 대나무를 쥐고 먹는 데 유용하다고 합니다.

Part 3

하루에 한 번은 우주를 생각한다

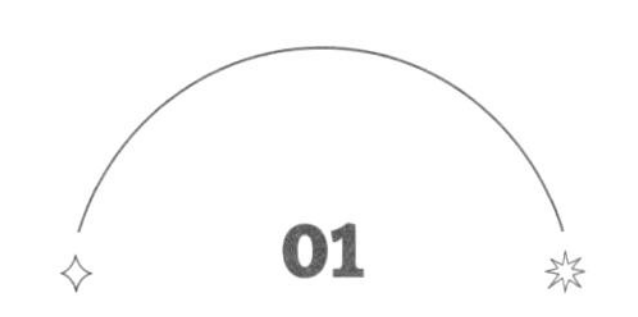

01

우주를 팽창시키는 힘의 근원은?

✳

우주가 팽창하고 있다는 건 실제 관측을 통해 과학적으로 확인된 사실이잖아요. 심지어 팽창하는 속도가 점점 더 빨라진다고 합니다. 만약 138억 년 전 빅뱅의 영향으로 우주가 지금까지 팽창하고 있다면 초기 우주보다 지금 우주는 비교할 수 없을 정도로 더 거대해졌을 테고 팽창하는 속도는 점점 줄어들어야 하지 않을까요? 같은 힘이 훨씬 더 큰 공간에 작용하면 단위 부피당 강도는 줄어들어야 맞잖아요. 게다가 우주의 모든 물질끼리는 서로 끌어당기는 중력이 작용한다면서요. 도대체 우주 바깥에서 끌어당기는 어떤 힘이 작용하는 건지, 아니면 우주 내부에서 바깥으로 밀어내는 또 다른 힘이 존재하는 건지 정말 궁금하네요.

솔직히 말씀드리면 아직은 천문학자들이 명확하게 답할 수 없는 질문입니다. 먼저 우주 바깥에 무언가 있지 않을까 하고 가정하는 것은 인류가 관측할 수도 없고, 확인할 수

도 없는 영역이어서 그저 모르겠다거나 마치 신학자가 조물주의 섭리라고 답하는 것과 마찬가지죠. 그래서 우주 안에서 그 원인을 찾는 것이 올바른 과학적 방법론일 텐데요. 그나마 지금까지 과학자들이 밝혀낸 최신 연구 성과에 따르면 우주 팽창의 근원이 암흑에너지dark energy일 것으로 생각합니다. 물론 그 정체가 무엇인지는 모릅니다. 하지만 우주 초기의 인플레이션, 즉 우주 급팽창 현상을 포함해서 사회자의 질문처럼 우주의 부피가 넓어지면 넓어질수록 더 빨라지는 가속 팽창을 설명하려면 암흑에너지라는 개념을 도입해서 설명할 수밖에 없는 겁니다.

일반적으로 우주가 팽창하면 전체 부피가 커지니까 우주를 채우는 질량의 밀도 역시 옅어질 텐데, 독특하게도 암흑에너지는 부피가 커져도 그 밀도가 일정하게 유지된다고 봅니다. 부피가 두 배로 커지면서 에너지의 양도 두 배로 증가한다는 것은 인류가 아는 역학으로는 도저히 설명하기 어려운 신기한 현상이죠.

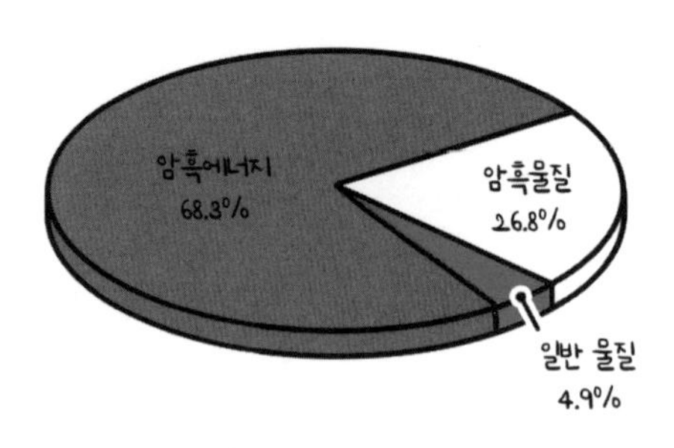

우주의 구성

암흑에너지의 실체도 모르는데 어떻게 그런 설명을 할 수 있는지 의문을 제기할 수 있습니다. 실제로 우리가 직접 관측해 확인할 수 있는 현상 자체는 우주의 가속 팽창까지이고, 이를 설명하는 모델을 구축하려면 암흑에너지가 필요하다는 관점에서 그 존재를 가정하는 것이고, 더 나아가 그럴 수밖에 없다고 추정하는 거죠. 그리고 실제로도 암흑에너지가 있어야만 설명되는 독립된 관측 결과가 여럿 존재하기는 합니다. 대표적인 예로 우주 공간의 가속 팽창 현상이 있고, 우주가 얼마나 균일하고 평탄하게 식어왔는지를 보여주는 우주배경복사도 있죠.

빅뱅 직후 우주는 훨씬 높은 밀도와 온도로 들끓고 있었습니다. 지난 138억 년에 걸쳐 우주의 팽창이 지속되면서 초기 우주가 머금고 있던 뜨거운 열기는 우주 전역으로 퍼졌고 지금은 거의 절대영도에 가까운 2.7켈빈• 수준의 낮은 온도로 식어 있습니다. 빅뱅 직후 초기 우주의 밀도 분포는 완벽하게 균일하지는 않았습니다. 아주 미세하게 주변보다 밀도가 더 높거나 낮은 영역들이 존재하는 불균일성이 있었습니다. 이러한 밀도의 차이는 온도가 식어가는 정도에도 차이를 만듭니다. 그래서 우주배경복사를 관측하면 아주 미세하게 주변보다 온도가 살짝 더 높거나 낮은 영역들이 존재합니다. 이러한 온도의 불균일한 정도를 파

• 절대온도의 단위. 절대온도 0℃는 0K로 나타내며, 0켈빈은 -273.15℃와 같다.

악하면 우주 전역의 물질이 얼마나 균일하게 퍼져 있는지, 우주 구석구석 시공간의 밀도 분포를 파악할 수 있습니다. 주변보다 물질이 많다는 것은 곧 시공간이 더 왜곡되어 있다는 것을 의미합니다. 그래서 우주배경복사를 관측하면 우주 시공간이 얼마나 왜곡되어 있는지를 알 수 있습니다. 그리고 그 모습을 설명하기 위해 얼마나 많은 암흑물질과 암흑에너지가 필요한지를 파악할 수도 있죠.

지금까지의 관측 결과를 보면 우주는 약 70%의 암흑에너지와 약 25%의 암흑물질, 그리고 일반적인 원자로 구성된 일반 물질(바리온) 5%로 이루어져 있는 것 같습니다. 암흑에너지는 우주가 가속 팽창하고 있다는 관측적 증거를 설명하기 위해 마음에 들지 않지만 어쩔 수 없이 받아들인 가정이지만, 공교롭게도 우주배경복사라는 독립된 관측 역시 암흑에너지의 존재를 지지하고 있는 현실입니다. 적어도 지금까지는 암흑에너지가 여러 관측적 증거로 그 존재의 필요성만큼은 지지를 받고 있습니다. 하지만 암흑에너지의 정체가 무엇인지, 어디에서 기원한 에너지인지는 아직 그 어떤 단서도 찾지 못했습니다.

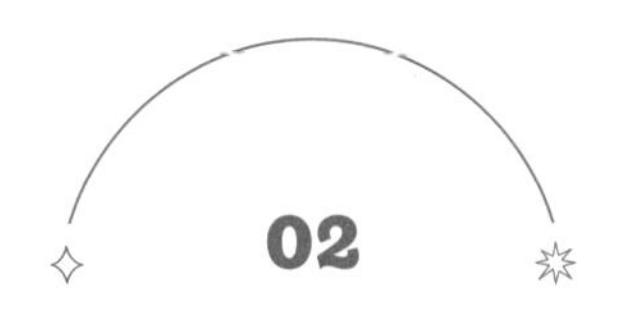

암흑물질과 암흑에너지는 어떻게 다를까?

✳

암흑에너지라는 이름에서 '암흑'이라는 표현 자체가 무한한 호기심을 불러일으키는데요. 무언가 엄청나고 깜짝 놀랄 만한 비밀이 숨어 있을 것 같습니다. 그런데 암흑이라는 접두어가 붙은 이름이 하나 더 눈에 띄더라고요. 바로 암흑물질dark matter인데, 암흑이 붙었다고 다 같은 건 아니겠죠? 이게 암흑에너지와 같은 개념인지, 아니면 또 다른 신비한 물질인지 도대체 어떤 특성을 가졌길래 그런 이름을 붙인 걸까요?

암흑물질이 무엇인지 사회자의 질문에 확실한 증거로 대답할 수 있는 과학자가 나온다면 그해의 노벨상은 아마도 따놓은 당상일 겁니다. 대부분 과학자가 우주에 존재한다는 건 인정하지만 직접적인 증거는 못 찾고 있죠. 하지만 굳이 비교하자면 암흑에너지보다는 암흑물질의 존재를 뒷받침하는 과학적 간접 증거들이 훨씬 더 확고하게 구축되어 있습니다.

그러니까 다른 물질과의 상호작용이 거의 없거나 미미한 영향을 주면서도 중력만을 발휘하는 물질이 존재한다는 사실은 알려져 있지만, 그 물질이 어떤 입자인지에 대한 직접적인 증거는 아직 발견되지 않았습니다. 여러 가설이 존재하지만, 구체적인 확인은 이루어지지 않은 상태죠.

암흑물질과 암흑에너지는 비슷한 이름을 가지고 있지만, 그 내용은 완전히 다른 개념인데요. 1933년 스위스 천문학자 프리츠 츠비키Fritz Zwicky가 머리털자리 거대 은하단을 살펴보다가 도무지 설명할 수 없는 이상한 현상을 관측해냅니다. 이 은하단에 포함되어 있는 은하가 은하단의 관측 가능한 물질의 양으로는 설명할 수 없는 빠른 속도로 움직이고 있다는 것을 알아냈어요. 조금 거칠지만 이해하기 쉽게 비유하면, 가느다란 중력이라는 이름의 실에 무거운 돌을 달아 공중에서 매우 빠른 속도로 빙빙 돌리는데도 실이 끊어지지 않고 있는 겁니다. 그래서 츠비키는 당연히 바깥 우주 공간으로 튕겨 나갔어야 할 외곽 은하들을 붙잡아두는 보이지 않는 두꺼운 실, 즉 강한 중력을 만들어내는 '관측되지 않는 물질'이 존재한다는 가설을 제시합니다. 하지만 그의 주장은 당시 학계에서는 크게 주목받지 못합니다.

1970년대에 이르기까지도 천문학계는 은하 외곽에 위치한 천체들이 중심부의 천체들보다 더 느린 속도로 공전할 것이라고 믿었습니다. 천체의 운동에 적용할 수 있는 케플러의 세 번째 법

암흑물질을 처음으로 주장한 프리츠 츠비키

칙에 따르면 공전 궤도의 반경이 더 클수록 공전 속도가 느려지니까요. 그런데 미국의 여성 천문학자 베라 루빈Vera Cooper Rubin이 그렇지 않다는 사실을 밝혀냈죠. 즉 은하 중심부에서 멀리 떨어진 외곽 천체들이 예상보다 훨씬 빠른 속도로 공전하고 있다는 놀라운 사실을 관측해냅니다. 뉴턴의 중력법칙이 옳다면 은하 안에 전자기파로는 볼 수 없는 중력을 만들어내는 물질이 있어야 한다는 명확한 결론을 얻었어요.

암흑물질의 존재를 확인하는 또 다른 간접 증거로 '중력 렌즈 효과'가 있습니다. 아인슈타인의 일반 상대성 이론에 따르면 질량이 큰 천체는 강한 중력으로 주변의 시공간space time을 왜곡, 그러니까 쉬운 말로 비틀어버립니다. 이렇게 휘어진 공간이 마치 두꺼운 유리 렌즈처럼 빛의 방향을 바꾼다고 해서 중력 렌즈라고 이름을 붙인 거죠. 실제로 다른 천체에 가려서 지구에서는 보이지 않아야 할 천체의 빛이 중력 렌즈 효과에 의해 휘어져 날아와 관측되고 있습니다.

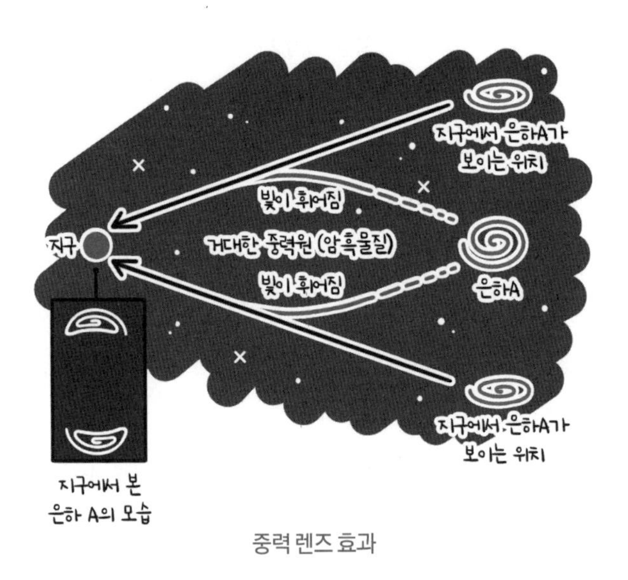

중력 렌즈 효과

중력 렌즈를 통과해서 날아오는 빛이 굴절하는 각도를 측정하면 빛을 휘게 만든 질량을 계산해낼 수 있습니다. 그런데 우리 눈으로 관측할 수 있는 물질의 질량만으로는 설명할 수 없는 강한 중력 렌즈 효과가 나타나는 거죠. 그러니까 중력 렌즈는 보이지 않는 질량 덩어리, 즉 암흑물질의 존재를 추정할 수 있는 또 다른 간접 증거인 겁니다. 과학자들은 이 중력 렌즈 효과를 이용해 우주에 암흑물질이 어떻게 분포해 있는지를 설명할 지도를 작성하고 있기도 합니다.

현재 많은 과학자가 원자로 이루어져 우리가 관측할 수 있는 일반 물질은 우주의 5% 정도만 구성할 뿐이고, 암흑에너지와 암흑물질이 각각 약 70%와 25%로, 둘을 합하면 전체 우주의 95%를 차지하고 있다는 데 대체로 합의합니다. 그러니까 인류는 우주의 대부분을 구성하는 요소에 대해 그저 짐작만 할 뿐 그 정체에 대해서는 무지한 겁니다. 지금 우리 인류가 도달한 과학 수준을 자랑하기보다는 우주라는 미지의 공간 앞에서 모두가 다시금 겸손해져야 하는 이유입니다.

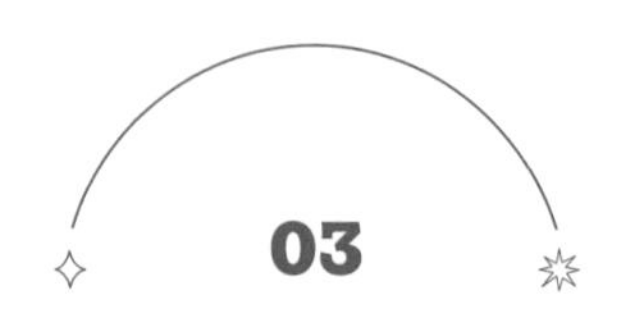

블랙홀이 1초 만에 만들어진다고?

✳

암흑에너지나 암흑물질처럼 우리의 상상력을 자극하는 존재가 또 있다면 바로 블랙홀인데요. 주변 모든 것을 빨아들인다고 하니까 무시무시하기도 하고 '사건의 지평선'이라는 경계가 있어서 그 너머의 어떤 것도 우리는 알 수가 없다고 하니 정말 신비스럽기도 합니다. 그렇다면 애초에 블랙홀은 어떻게 생겨나는 걸까요?

블랙홀이 어떻게 탄생하는지, 우주에 관심이 많은 사람들조차 단순히 "별이 폭발해서 만들어지는 것 아닌가?" 하는 정도로만 알고 있는 경우가 많아 안타깝습니다. 아마도 여기에는 크게 오해하는 부분이 있어서인 것 같습니다. 초신성이 폭발해서 만들어지는 찌꺼기가 블랙홀이라고 생각하는 거죠.

태양보다 열 배 이상 무거운 별들이 죽을 때 중성자별이나 블랙홀처럼 아주 높은 밀도로 반죽이 된 찌꺼기, 즉 별의 사체가 남습니다. 보통 무거운 별들은 엄청나게 중력이 강하다 보니까 내부에서 에너지를 만드는 과정이 끝나면 순식간에 자체 중력으로 와르르 무너집니다. 그래서 중심부의 핵은 말 그대로 작은 점 수준으로 완전히 붕괴하게 됩니다. 원래 평범한 원자에는 플러스 극을 띤 양성자와 마이너스 극을 띤 전자가 있는데, 이 과정에서 이들이 하나로 찐득하게 붙어버릴 정도로 농축됩니다. 플러스와 마이너스가 합쳐지면 중성이 되죠. 그렇게 중성을 띤 중성자만으로 이뤄진 중성자별이 그 중심에서 탄생합니다.

그런데 양성자와 전자가 결합하면 중성자만 나오는 게 아니라, 은근슬쩍 튀어나오는 것이 있습니다. 바로 유령 입자라고도 불리는 중성미자Neutrino인데요. 질량이 엄청나게 가볍고 작은 입자죠. 질량이 얼마나 작은지 어지간해서는 다른 일반적인 물질과 상호작용을 거의 하지 않을 정도입니다. 지금도 여기 앉아 있는 우리 몸속을 빛에 가까운 속도로 통과해서 지나가고 있는 중성미자들이 있을 겁니다.

에너지를 다 소진한 항성의 핵은 중력으로 순식간에 붕괴해버리고, 바깥의 껍질을 이루던 물질도 자유낙하를 하면서 무너지는데, 중성자 덩어리가 된 핵에서는 아주 많은 양의 중성미자가 분출됩니다. 그중 대부분은 우주 공간으로 새어 나가겠지만 극미량인 1% 정도는 떨어지는 물질과 강력하게 충돌합니다. 그러면 그 반동으로 무너지던 물질들이 쾅 하고 튕겨서 빠르게 우주 공간을 향해 날아가게 되죠. 이 모습이 우리가 관측하는 실제 초신성 폭발입니다. 그래서 일정 규모의 항성이 폭발하면 중심에 블랙홀이 아니라 중성자별이 남습니다.

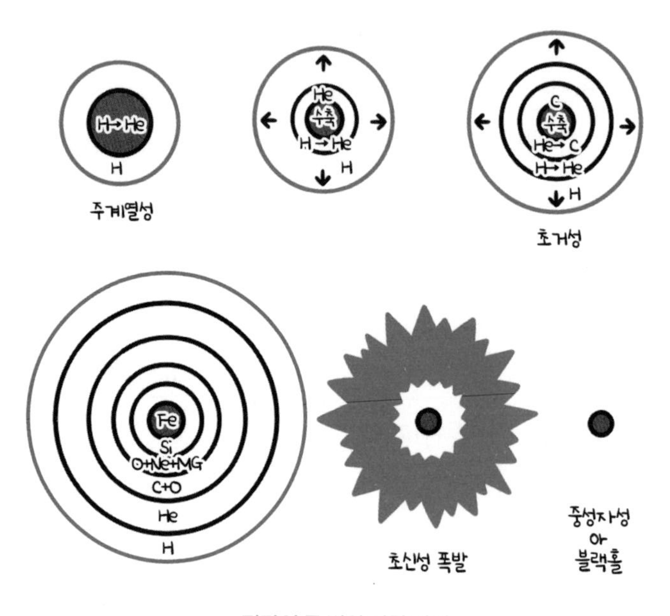

질량이 큰 별의 진화 과정

그렇다면 블랙홀은 어떻게 탄생하는 걸까요? 위에서 말한 것처럼 중성미자가 마구 뿜어져 나오는데, 이렇게 샘솟듯이 분출하려는 중성미자들조차도 한순간에 짓눌러버릴 정도로 막강한 중력을 가진 천체는 폭발도 하지 못하고 블랙홀이 되어버립니다. 그 어떤 물질도 새어 나갈 틈을 주지 않고 순식간에 무너져서 무한대의 질량을 가진 블랙홀로 변하는 거죠. 그리고 지구의

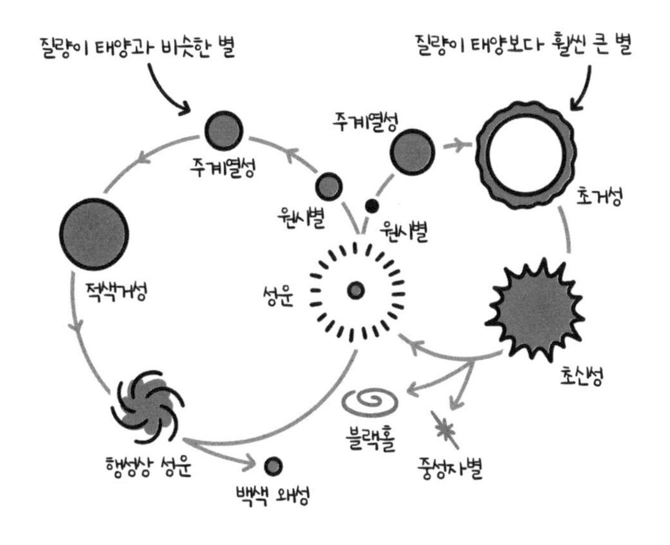

별의 탄생과 죽음

시간 단위로도 이 과정이 1초 정도밖에 걸리지 않는다고 알려져 있습니다. 대개 천문학에서 거론되는 시간의 스케일은 수십억 년부터 수천 수백만 년 단위가 보통인데, 태양보다 훨씬 큰 거대 항성이 붕괴를 시작해서 블랙홀이 되기까지의 과정은 갑자기 1초라는 놀랍고도 생경한 시간 단위가 등장하는 거죠.

이렇게 일정 규모 이상의 질량을 가진 별의 죽음은 크게 두 가지 결과를 낳습니다. 폭발 후 중성자별이 되는 경우와 폭발도 하지 못하고 블랙홀이 되는 경우입니다. 물론 우리 태양처럼 질량이 작은 항성은 중성자별에 이를 정도의 중력조차 발휘하지 못해서 그저 백색왜성 정도로 남을 겁니다.

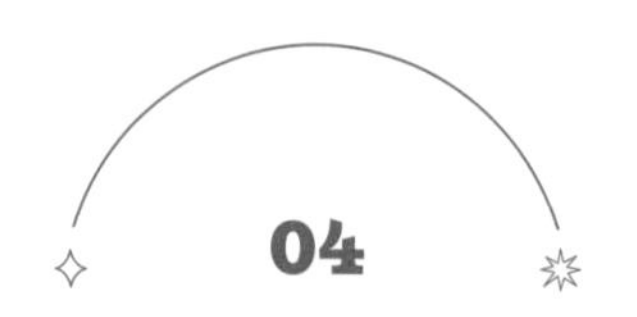

블랙홀은 도대체 어떤 생김새일까?

✳

블랙홀은 인류가 실제로 그 존재를 확인했는데도 영원한 미스터리의 대상 같습니다. 블랙홀은 도대체 어떻게 생겼습니까? 동그랗게 생겼나요? 아니면, 블랙홀을 묘사한 그림을 보면 깔때기 모양이 많던데, 실제로 그렇게 생겼나요? 거대한 항성까지도 빨아들이는 어마어마한 힘을 가진 블랙홀인데도 그 모양새나 구조를 상상하기가 쉽지 않습니다.

블랙홀 자체만을 이야기하자면 하나의 점이라고 대답하는 게 맞을 것 같습니다. 하지만 이렇게 말해도 이해하기가 힘든 이유가 있는데요. 점이기는 한데 크기는 0이라고 설명하거든요. 그러니까 한마디로 수학적인 크기가 0인 점인 거죠. 우리가 살아가는 현실 세상의 이치에 따르면 아무리 작더라도 크기가 있어야 점이라고 말할 수 있을 테니 머릿속에서 그 이미지를 어떻게든 떠올리기가 힘든 겁니다.

모든 물질이 형태를 갖추려면 중력에 의해 끌어당겨지지 않도록 내부에서 외부로 버티는 힘이 있어야 합니다. 그런데 블랙홀은 이런 힘을 전혀 만들어낼 수 없을 정도로 중력이 강하게 작용합니다. 그러니까 한 점에 엄청난 질량이 무한대의 밀도로 응축된 것이 블랙홀입니다. 그런데 사실 이런 논의가 무의미한 이유가 있습니다. 블랙홀에는 안쪽과 바깥쪽이 인과적으로 분리된 경계, 즉 사건의 지평선이 존재하기 때문인데요. 설혹 누군가 그 안쪽에 들어가서 블랙홀의 실제 생김새가 우리의 생각과는 다르다는 것을 확인했다고 하더라도 그 어떤 정보도 외부로 전달할 수가 없습니다.

질문하신 것처럼 교과서나 과학 교양서들을 보면 블랙홀의 모습을 깔때기처럼 그려놓는 경우가 많습니다. 그래서 마치 깔때기 입구가 향한 방향으로만 블랙홀의 중력이 작용한다고 오해할 수도 있을 것 같아요. 하지만 실제로 블랙홀의 중력은 모든 방향으로 작용하며, 중심에 가까워질수록 그 강도가 강해집니다. 이렇게 깔때기 모양으로 그리는 이유는 블랙홀의 중력이 시공간을 왜곡하는 효과를 2차원의 지면 위에서 시각적으로 잘 이해시키기 위해서일 뿐입니다. 그림으로 그리기는 어렵지만 3차원적으로 이를 이해하려면 다음과 같은 구조를 떠올리면 됩니다.

어린이 놀이터에 가면 격자 구조의 정글짐이 있습니다. 이러한 정글짐 형태의 구조물을 우주 공간에 고무줄을 이용해 무한히 촘촘하게 만들었다고 가정하고 내부의 한 지점에서 모든 방향의 고무줄을 잡아당기는 거죠. 그러면 내부의 모든 고무줄이 그 점이 있는 방향으로 기울어질 겁니다. 모든 방향에서 한 점을 중심으로 하는 깊은 골짜기가 파이는 거죠. 바로 이런 모양이 블랙홀과 블랙홀의 중력이 우주 공간에 미치는 힘의 모습에 훨씬 더 가깝습니다.

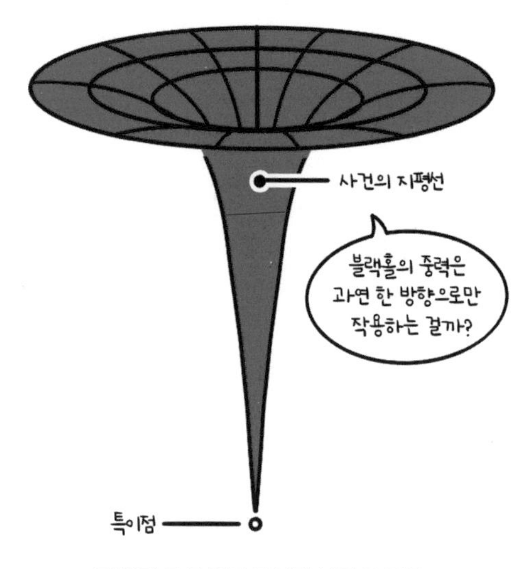

깔때기 모양으로 묘사한 블랙홀 구조

천체 망원경으로 블랙홀을 실제로 촬영했다는 사진을 보면 빛이 둥그런 도넛 모양을 형성하고 있는 것을 볼 수 있는데요. 블랙홀 자체는 빛을 내보내지 않아서 촬영 자체가 불가능합니다. 엄밀히 말하면 이 사진은 블랙홀 사진이 아닌 거죠. 블랙홀 주변의 시공간은 강한 중력의 영향으로 극단적으로 휘어져 있습니다. 블랙홀의 중력이 영향을 미치는 범위를 날아가던 빛 역시 이 왜곡된 시공간을 따라 흐르고, 심지어 뒤쪽으로 날아간 빛마저 방향이 왜곡되어 둥그런 궤적을 그리는 거죠. 원래라면 뒤쪽으로 직진해서 날아갔어야 할 빛이 블랙홀 주변에서 U턴을 해서 관측자 쪽으로 날아옵니다. 그렇게 모든 방향의 빛이 왜곡된 시공간을 따라 흐르면서 우리에게는 둥그런 빛의 고리로 보이게 됩니다.

블랙홀의 모습을 묘사한 영화로는 〈인터스텔라〉(2014)가 가장 유명할 텐데요. 영화에서는 '가르강튀아'라는 이름의 초거대 질량 블랙홀 주변의 빛무리가 화려하게 묘사됩니다. 주인공은 고장 난 우주선의 추진력을 얻기 위해 블랙홀에 접근하는 시도를 강행하죠. 목숨을 건 위험한 시도이지만, 과학적으로 의미가 있습니다. 영화에 나오는 블랙홀은 회전합니다. 블랙홀은 주변 시공간을 함께 끌면서 회전합니다. 저는 이 현상을 블랙홀이 시공간을 꼬집는다고 표현하곤 해요. 이불을 꼬집으면 이불이 말려 들어가는 것과 비슷합니다. 만약 이불 위를 기어가는 개미가 있는데, 그 순간 이불을 꼬집는다면 개미가 함께 끌려가면서 속도를 더 얻게 될 겁니다. 이처럼 회전하는 블랙홀 곁에 다가간 주인공은 함께 끌려가는 시공간의 효과를 통해 추진력 면에서 이득을 얻습니다. 이러한 현상을 물리학자 로저 펜로즈Roger Penrose

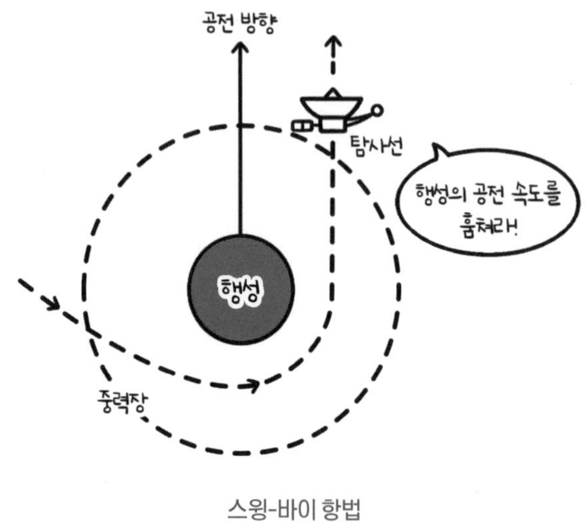

스윙-바이 항법

의 이름을 따서 펜로즈 과정이라고도 부릅니다.

이와 비슷하게 다른 천체의 중력으로 추진력을 얻어 우주선의 속도를 올리는 항법을, 곁을 스쳐 지나간다는 의미로 '스윙-바이swing-by'라고 합니다. 연료를 아낄 수 있고, 그에 따라 우주선의 중량 역시 낮출 수 있는 장점이 있죠. 무려 반세기 전에 발사됐던 소련 달 탐사선 루나 3호가 최초로 스윙-바이에 성공한 이후 거의 모든 장거리 우주 탐사선이 이용하는 항법입니다.

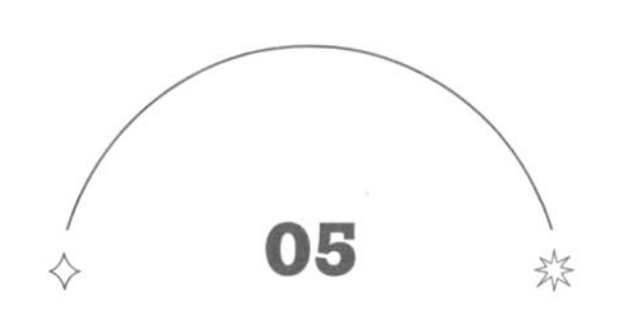

블랙홀도 죽을까?

*

밤하늘에 빛나는 별빛처럼 우리의 사랑도 영원히 변치 않기로 맹세한다는 시구가 있습니다. 그런데 슬프게도 별 역시 결국은 죽는다니 그렇게 넓다는 우주에서조차도 영원하고 절대적인 존재는 찾기가 쉽지 않네요. 하지만 블랙홀은 어떤가요? 무한대의 질량으로 빛조차 빨아들이지만 크기는 0이라는 정말 특이한 천체인데, 블랙홀은 혹시 영원히 소멸하지 않는 건가요?

사실 이 질문은 천문학계에서도 가장 논쟁적인 주제 중 하나입니다. 블랙홀이 탄생하면 그 모습 그대로 사라지지 않고 영원히 존재할 것인지, 아니면 블랙홀도 결국 사라지는 운명에 처할 것인지에 대한 논의는 여전히 활발하게 이루어지고 있죠. 전신 마비 천재 물리학자로 유명했던 스티븐 호킹 박사가 이와 관련해서 발표한 이론이 있습니다. "블랙홀도 결국

에는 온도를 가진 물체처럼 열에너지를 조금씩 내보내면서 자신의 질량을 줄여갈 것이다"라고 예측한 거죠. 이런 현상을 '호킹 복사Hawking radiation'라고 부릅니다. 만약 호킹 박사의 이러한 주장이 맞는다면 아주 기나긴 시간, 그러니까 지금 우주의 나이보다 더 오랜 세월이 흐른 후에는 블랙홀도 결국 증발해서 소멸하는 운명을 맞게 되겠죠.

스티븐 호킹

양자역학은 아무것도 없는 진공 속에서도 입자와 반反입자가 쌍을 이뤄 나타났다가 다시 함께 사라지는 양자요동 현상이 무수히 되풀이된다고 설명합니다. 호킹 박사에 따르면 블랙홀의 경계인 사건의 지평선에서도 이런 일이 벌어지는데, 플러스의 에너지를 가진 입자는 바깥으로 튀어나가고 마이너스의 에너지를 가진 반입자는 안쪽으로 떨어지면서 블랙홀의 질량을 미세하게 소모합니다. 호킹 복사는 한 방향으로만 진행되기 때문에 블랙홀은 이런 방식으로 에너지를 소모하다가 마침내 증발해서 소멸한다는 거죠.

블랙홀은 무거울수록 호킹 복사 효과가 줄어듭니다. 초거대 질량 블랙홀은 사건의 지평선이 매우 커서 휘어진 정도, 즉 곡률이 작습니다. 그래서 확률적으로 입자, 반입자가 사건의 지평선에 걸려서 나가고 들어올 거라고 기대할 수 있는 값이 작아지는 거죠. 오히려 크기가 작아질수록 곡률이 커서 호킹 복사 효과는 극대화합니다. 결과적으로 작은 블랙홀일수록 호킹 복사 에너지가 많아져서 더 빨리 소멸하겠죠. 하지만 호킹 복사 이론이 양자역학의 기본 원리와 충돌한다는 주장이 제기되며, 여전히 이 모순을 해결하기 위한 연구가 활발히 진행되고 있습니다.

블랙홀끼리 서로 충돌해서 합쳐지는 일도 발생하는데요. 태양보다 무거운 별들이 죽어서 남기는 별 질량 블랙홀들이 있고, 우리 은하 중심에 존재하는 것처럼 매우 무거운 초거대 질량 블랙홀들이 있습니다. 이 둘은 차원이 다르다고 표현해야 할 정도로 다른 특성을 보여주는데요. 별 질량 블랙홀이 태양보다 수십 배 정도의 질량이라면, 은하 중심에 사는 초거대 질량 블랙홀은 태양 질량의 수백만 배, 또는 수십억 배에 달하거든요. 그래서 별 질량 블랙홀끼리의 충돌과 병합은 쉽게 규명됩니다. 거리가 가까워지면 자기들끼리 잘 맴돌다가 서로의 중력으로 꽝 부딪치고, 이때 퍼져 나온 중력파를 이미 관측해내기도 했죠. 하지만 초거대 질량 블랙홀 역시 충돌해서 합쳐지는지는 아직 확실하게 밝혀지지 않았습니다.

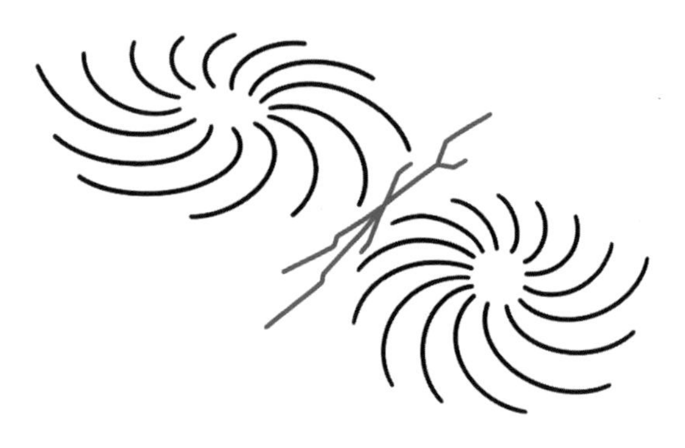

블랙홀끼리 충돌하면 무슨 일이 일어날까?

은하들은 실제로 충돌합니다. 그러면 은하 중심에 있는 거대 블랙홀들도 충돌하여 합쳐질 것이라고 생각할 수 있지만, 문제는 은하 내에 별들이 매우 많다는 점입니다. 이로 인해 블랙홀의 질량과 별들의 질량이 가지는 중력적 효과 덕분에 충돌 후에도 블랙홀들은 바로 합쳐지지 않습니다. 오히려 충돌 에너지가 서서히 줄어들면서 적당한 거리를 두고 안정적인 궤도를 유지하며 서로 회전하게 됩니다. 천문학에서 쓰는 거리 단위 중 하나로 파섹*이 있는데, 1~2파섹 정도 거리에 접근한 초거대 질량 블랙홀은 그

보다 가까이는 다가가지 않는다고 해서, 이름 '최후의 파섹 문제 final parsec problem'라고 부릅니다.

• 천문 거리의 단위. 1파섹은 연주 시차가 1초일 때 이에 해당하는 거리로 3.086×10^{13}km, 3.26광년에 해당한다. 기호는 pc.

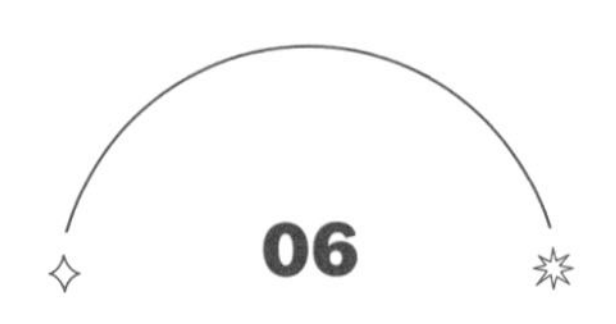

06

우리 은하의 모습, 밖에서 볼 수 없는데 어떻게 알았을까?

*

우리가 다른 은하들의 모습은 외부에서 자유롭게 관측할 수 있잖아요. 근데 지구가 있는 태양계는 우리 은하 안에 있는데, 그걸 대체 어떻게 관측한 걸까요? 우리 은하만 한 거울에 비춰 자기 얼굴 보듯이 보는 것도 아닐 테고, 대체 어떻게 알았을까요? 더 이상한 건 밤하늘에 까마득히 펼쳐진 은하수가 사실 우리 은하계라는 점인데, 도대체 어떻게 된 걸까요? 아 참, 그리고 우리 은하계의 이름은 뭔가요?

지구가 속한 태양계를 품은 은하계의 이름은 말 그대로 '우리 은하Our Galaxy'입니다. 안드로메다나 마젤란 은하계처럼 별도의 이름으로 부르는 것이 아니라 우리 인류가 속해 있는 은하계여서 그냥 우리 은하라고 부르는 것 같습니다. 우리나라가 포함된 한자문화권에서는 은하銀河 또는 은하수銀河水, 즉 은빛의 강 또는 은빛 강에 흐르는 물이라는 뜻이 되죠. 또

다른 영어 이름으로는 '젖이 흐르는 길'이라는 뜻의 밀키웨이The Milky Way가 있고 갤럭시The Galaxy라고도 하는데요. 갤럭시에도 '우유'라는 의미가 들어 있습니다. Galaxy의 'gala'가 젖이라는 뜻의 그리스어 어원인 'galacto'에서 유래했거든요. 그래서 주로 우유와 유제품에 들어 있는 젖당 역시 영문 표기가 갈락토오즈galactose입니다.

우리 은하를 이렇게 부르는 데는 고대 그리스 신화와 관련이 있습니다. 그리스 신화의 주인공 제우스는 신과 인간의 세계로 불시에 쳐들어올지도 모르는 거인족 기간테스를 막기 위해 강력한 인간 영웅이 필요했는데요. 제우스는 아르고스의 왕녀 알크메네를 찾아가 전쟁터로 떠난 그녀의 남편으로 변신하여 3일 밤낮을 동침한 후 헤라클레스를 낳게 합니다. 제우스는 헤라클레스에게 불사의 능력을 주기 위해 아내인 여신 헤라의 젖을 먹이려 하는데, 그녀는 질투심에 눈이 멀어 헤라클레스를 죽이려고만 합니다. 하는 수 없이 헤라가 잠든 사이 몰래 젖을 물려 모성애를 일깨워보려 하지만 그녀는 깨어나자마자 헤라클레스를 황급히 떼어냈고 이때 헤라의 가슴에서 뿜어져 나온 젖이 하늘에서는 반짝이는 별의 무리인 갤럭시가 되고, 땅에서는 백합으로 피어났다고 합니다.

맑은 여름날 밤에 도심의 불빛이 방해하지 않는 한적한 곳을 찾아 하늘을 올려다보면 너무나 선명하게, 말 그대로 은빛 강줄기가 하늘을 가로지른 화려한 은하수가 보이는데요. 바로 우리 은하의 모습입니다. 그래서 사회자의 질문처럼 우리 태양계가 속한 은하계를 저렇게 까마득히 멀리 볼 수 있다는 게 잘 이해되지 않을 수도 있습니다. 이를 설명하기 위해 쉬운 예시를 하나 들어보죠. 여기 넓적한 원반 모양의 단팥빵이 있는데요. 앞에서 설명한 것처럼 우리 은하와 닮은꼴입니다. 그런데 이 단팥빵의 지름이 10만 광년이고 태양계는 외곽 가장자리쯤에 위치합니다. 태양계가 있는 부분을 한 입 베어먹었다 치면, 이때 옆에서 바라보는 단팥빵의 단면이 우리가 밤하늘에서 목격하는 우리 은하의 모습입니다. 적절하게도 가운데 거무스름하게 보이는 팥소는 두 줄로 길게 보이는 짙은 먼지 띠와 암흑성운이라고 생각하면 되겠네요.

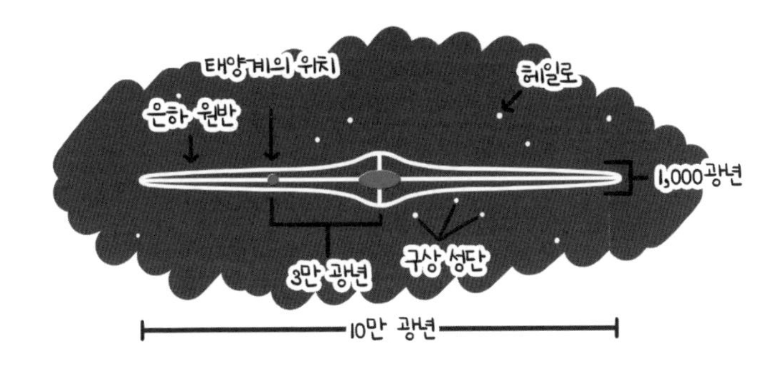

측면에서 본 우리 은하

우리 은하의 반지름이 대략 5만 광년인데, 태양계는 중심으로부터 3만 광년 정도 거리에 떨어져 있습니다. 그래서 겨울철에는 우리보다 외곽의 얇은 은하수를, 여름철에는 중심부의 한층 두텁고 화려한 은하수를 볼 수 있습니다. 문제는 정작 우리 은하 중심부 방향의 우주를 관측하는 것이 더 어렵다는 사실입니다. 그래서 천문학자들은 은하수가 있는 지역대를 회피 영역zone of avoidance이라는 다른 이름으로 부르기도 하는데요. 별들의 밀도가 너무 높고 빽빽해서 은하수 방향 너머의 우주까지 보이지 않을 정도거든요. 실제로 천문학자들이 완성한 우주 거대구조 지도를 보면 지구에서 잘 보이는 위아래 방향으로만 관측해놓아 마치 나비 날개 모양처럼 지도가 채워져 있는 것을 확인할 수 있습니다. 그래서 은하천문학은 거울 없는 세상과 비슷합니다. 남의 얼굴은 실컷 보면서 자세하게 관찰하고 그려낼 수 있지만 정작 자신의 얼굴은 어떻게 생겼는지 보지도 못하고 확인하지도 못하는 거죠. 그냥 더듬어서 어떤 모습이겠거니 추정하면서 몽타주를 그리는 것과 비슷합니다.

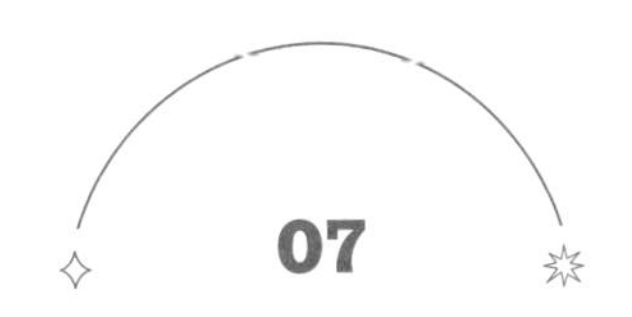

왜 행성들의 공전 궤도는 완벽한 원이 아닐까?

✳

행성들의 공전 궤도가 타원형이라고 하던데요. 우리가 실에 돌멩이를 매달아 공중에서 빙빙 돌리면 처음에는 원이 아니더라도 돌리는 횟수가 늘어나면 힘이 어느 정도 균형을 이루면서 완벽한 원이 되잖아요. 그런데 지구가 탄생한 지 40억 년이 넘었다는데 왜 아직도 공전 궤도는 타원을 유지하는 건가요?

타원橢圓은 다양한 형태를 가질 수 있지만, 완벽한 방사 대칭을 가진 원은 크기만 다를 뿐 항상 같은 모양이며, 기하학적으로도 가장 완전한 형태라고 할 수 있습니다. 수학적으로는 타원을 '평면 위의 고정된 두 점에 이르는 거리의 합이 일정한 2차원 점들의 집합'으로, 원은 '평면 위의 고정된 한 점에서 같은 거리에 있는 2차원 점들의 집합'이라고 정의하는데요. 과거에는 지구나 다른 행성의 공전 궤도 역시 당연히 완벽한 원

을 그린다고 생각했습니다. 이렇게 생각했던 역사는 고대 그리스의 철학자 플라톤까지 거슬러 올라갑니다. 그는 창조주가 우주를 완전하게 만들었기 때문에 모든 천체가 구형이며 완벽한 원을 그리면서 운동한다고 주장했습니다. 그리고 이 믿음은 천동설과 함께 수천 년간 이어졌죠.

플라톤

행성이 타원을 그리며 운동한다는 사실을 처음 알아낸 과학자가 요하네스 케플러Johannes Kepler입니다. 그는 행성의 운동을 관찰하다가 세 가지 법칙을 발견합니다. 각각 '타원 궤도 법칙', '면적 속도 일정의 법칙', '조화의 법칙'이라고 불리는데요. 행성은 타원 궤도를 따라 공전하고, 이때 태양과 행성을 잇는 직선이 같은 시간 동안 훑고 지나가는 면적은 항상 일정합니다. 또한 행성의 공전주기와 공전 궤도의 크기가 일정한 비례 관계로 조화를 이룬다(행성 공전주기의 제곱이 궤도 장반경의 세제곱에 비례한다)는 사실을 밝혀냈습니다. 케플러가 이런 위업을 이룰 수 있었던 데는 그의 스승인 티코 브라헤가 남겨준 방대한 양의 우주 관측 자료 덕분이 큰데요. 놀랍게도 모두 맨눈으로 밤하늘을 관측해서 남긴 기록이라고 합니다.

사실 사고실험을 해보더라도 행성이 완벽한 원 궤도를 따라 운동한다고 가정하는 것은 오히려 부자연스럽습니다. 만약 태양 주변에 어떤 천체가 우연히 만들어지면, 행성들은 생성될 당시 각자의 속도와 태양과의 거리에 따라 자연스럽게 궤도를 형성하게 될 것입니다. 그런데 처음 움직이기 시작할 때의 정확한 방향이 태양과 연결된 직선에 대해 완벽한 수직선을 이루는 방향으로 움직일 확률은 극히 희박할 겁니다. 다시 말해서 완벽한 원이 되기 위해서는 중심점에 연결된 직선과 정확히 직각 방향으로 움직여야 하는데 무작위로 형성된 방향이 그럴 확률은 극히 낮다는 뜻이죠. 그렇다면 직각보다 더 안쪽이나 바깥쪽으로 움직이게 될 텐데, 어느 쪽이든 초기 방향에 따라 타원 궤도를 형성할 가능성이 크다고 추론하는 것이 훨씬 더 자연스럽죠.

타원 궤도가 변하지 않고 장기간 유지되는 이유는 이미 역학적 평형 상태가 이루어져 있기 때문입니다. 태양을 중심으로 공전하는 지구를 예로 들면, 태양으로부터 멀리 벗어난 곳을 돌 때는 속도가 그에 맞춰 줄어들고 가까운 곳을 돌 때는 그만큼 속도가 빨라집니다. 위에서 이야기한 케플러의 면적속도 일정의 법칙에 따른 결과죠. 힘이 균형을 이루고 있어서 궤도가 바뀔 이유가 없는 겁니다.

사실 이보다 더 흥미로운 건 태양계의 행성들이 모두 같은 평면 위에서 공전하고 있다는 것입니다. 쉽게 말하자면 하나의 투명한 접시 표면에 다 같이 붙어서 돌고 있다는 겁니다. 지금은 태양계 행성의 지위를 박탈당한 머나먼 외곽의 명왕성은 이 표면에서 30도 기울어진 궤도를 돌고, 우주 먼 곳에서 날아오는 혜성들은 크게 기울어진 궤도를 돌기도 하죠. 그런데도 수성부터 해왕성까지 무려 8개의 지구 행성이 한 평면 위에서 운동하고 있는 이유가 궁금할 텐데요. 이 또한 간단한 사고실험을 통해 이해할 수 있습니다.

TV에서 피자를 만드는 장면을 떠올려보면, 요리사가 반죽을 쑨 둥그런 밀가루 덩어리를 두 손으로 빠르게 돌립니다. 그러면 납작한 도우dough가 만들어지죠. 항성 등의 천체가 되는 가스 구름도 밀가루 반죽처럼 중력의 영향으로 무질서하게 모인 우주 먼지의 덩어리입니다. 그리고 이 가스 구름 내부에서는 중력이 계속 작용하며 회전 운동이 지속되고, 점점 속도가 빨라지면서 마치 피자 반죽을 돌리듯 중심부는 위아래로 수축하고, 외곽은

원심력 때문에 바깥으로 확장하며 점차 원반 형태를 이루게 됩니다. 그렇게 형성된 원반 속 가스와 먼지들이 계속 뭉치면서 결국 별이 되고, 행성이 만들어지는 겁니다. 태양계의 행성뿐만 아니라 항성을 중심으로 공전하는 다른 우주의 행성들 역시 이런 과정을 통해 자기들끼리는 거의 다 같은 평면에 자리 잡고 있습니다.

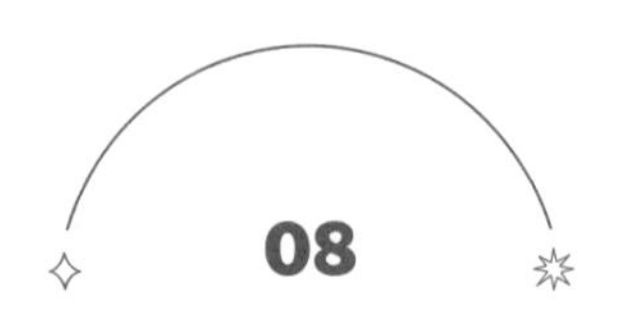

우주 문명에서 인류는 몇 단계 수준일까?

*

우주의 전체 크기에 대한 설명은 아무리 반복해서 들어도 설마 하는 마음이 들 정도로 어마어마한데요. 그 넓은 우주에서 생명체가 지구에만 있을 리 없다고 생각하는 건 얼핏 당연해 보입니다. 확률상 그중에는 우리 인류보다 고도의 문명을 이룬 외계인도 있지 않을까요? 정말로 만약에 그렇다면 인류가 이룩한 지구 문명의 발달 수준은 어느 정도나 될까요?

천문학계에는 골디락스 존goldilocks zone이라는 용어가 있는데요. 너무 차갑지도 또 너무 뜨겁지도 않게 항성과의 거리를 유지하고 있어서 생명체들이 살아가기에 적합한 우주 공간을 이르는 말입니다. 골디락스는 영국 전래동화에 등장하는 주인공 소녀의 이름인데요. 곰 세 마리가 외출을 나간 빈집에 몰래 들어간 골디락스가 식탁 위 세 그릇의 수프 중에서 너무 뜨겁지도 차갑지도 않은 것을 맛있게 먹고, 세 종류의 침대 중에

서 너무 딱딱하지도 무르지도 않은 것을 골라 달콤한 잠에 빠져들었다는 내용입니다. 이런 동화의 내용을 이용하여 골디락스라는 단어를 천문학뿐만 아니라 경제나 마케팅 분야에서도 '이상적으로 적당한 상태'를 의미하는 용어로 사용하고 있습니다.

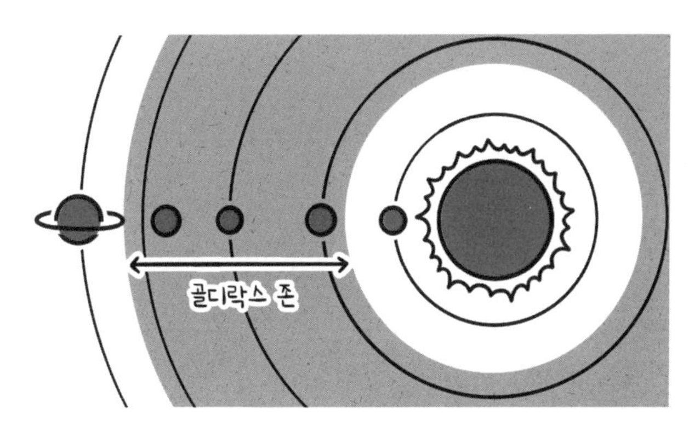

저기 어딘가 외계 생명체가 살고 있을까?

현재 천문학자들은 외계 행성을 지금까지 한 5,000개 정도 발견했고, 그중에는 이렇게 골디락스 존에 자리 잡고 있어서 생명에 적합한 환경을 가졌을 거로 추정하는 것들이 한 100개 정도 됩니다. 중요한 건 이 숫자가 우리 은하 안에서, 그것도 아주 비좁은 수천 광년 이내 범위만을 관측한 결과라는 점입니다. 같은 범위 안에서 우리가 아직 발견하지 못한 행성들도 많이 남아 있을 겁니다. 게다가 우리 은하의 지름이 10만 광년이고 태양 같은 항성이 수천억 개 이상 존재한다는 걸 생각하면 정말 극히 일부분이죠. 심지어 우주에는 그렇게 커다란 규모의 은하계가 다시 수천억 개 이상 있다고 하니 골디락스 행성이 얼마나 많을지는 계산조차 하기 힘들겠죠.

우리나라의 천문연구원Korea Astronomy and Space Science Institute, KASI 역시 지구와 유사한 물리적 특성이 있는 외계 행성을 찾기 위해 광시야 광학관측시스템인 한국마이크로렌즈망원경네트워크KMTNet를 운영하고 있는데요. 재미있는 건 한국인의 특성을 살려 쉬지 않고 24시간 연속 우리 은하 중심부를 관측할 수 있는 시스템을 구축했다는 사실입니다. 이 시스템은 동일한 관측 장비를 갖춘 세 개의 천문대로 구성되어 있으며, 호주SSO, 칠레CTIO, 남아프리카공화국SAAO 등 남반구 국가들에 위치하고 있습니다. 이 세 나라는 각각 남위 30도 근처에서 120도 간격으로 지구를 빙 두르고 있어서 쉬지 않고 밤하늘을 지켜볼 수 있죠. 세계에서 유일하게 남반구 하늘을 24시간 연속 관측할 수 있는 시스템이라고 합니다. 어쩌면 외계 생명의 흔적을 우리나라 과학자가 최초로 발견해낼지도 모릅니다.

아직은 인류가 외계 생명체를 발견하지 못했지만, 이미 1964년에 소련의 천문학자 니콜라이 세묘노비치 카르다쇼프가 우주 문명의 발전 수준을 총 에너지 사용량에 따라 가늠하는 기준을 제시했는데요. 이를 '카르다쇼프 척도Kardashev scale'라고 부릅니다.

- **1단계**: 자기 행성에 도달하는 에너지를 다 쓸 수 있는 문명입니다. 우리 지구라면 태양에서 전해지는 모든 에너지를 다 쓸 수 있어야 1단계 문명이 되는 거죠. 칼 세이건의 계산법에 따르면 인류 문명은 2023년 기준 0.75단계라고 말하기도 합니다.
- **2단계**: 항성의 에너지를 모두 끌어다 쓸 수 있는 수준입니다.
- **3단계**: 자기 행성이 속한 은하계의 전체 에너지 단위를 사용할 수 있는 문명입니다.

특히 SF 팬들이 이 이론을 좋아하는데, 저 역시 마음껏 상상의 나래를 펼친다면, 중심부 별의 에너지를 끌어다 쓰는 두 번째 단계 수준까지는 미래의 어느 시점에 가능할 수도 있을 것 같습니다. 예를 들어 태양 주변에 인공 구조물을 설치해서 에너지를 전달받아 활용할 수도 있겠죠.

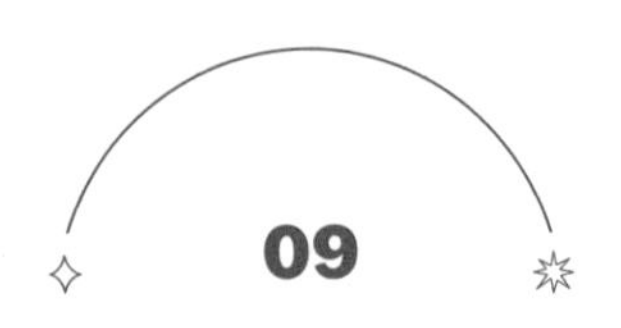

외계인이 보낸 우주 함선인지도 모른다고?

*

태양계 바깥에서 날아온 길쭉한 모양의 천체가 있다고 하던데요. 심지어 반짝이는 금속 재질에 자연법칙으로는 설명할 수 없는 추진력으로 속도를 올려 우리 곁을 스쳐서, 다시 머나먼 우주를 향해 날아갔다고 하더라고요. 혹시 어떤 특수 임무를 수행하기 위해 외계인이 날려 보낸 우주 함선은 아니었을까요?

2017년에 하와이 대학교 팬스타즈Pan-STARRS팀이 발견한 오우무아무아Oumuamua라는 이름의 천체인데요. 이름도 '먼 곳에서 찾아온 메신저'라는 뜻을 가진 하와이어 '오우무아무아'라고 붙였습니다. 인류가 관측한 최초의 외계 성간 천체, 즉 태양계 바깥에서 날아온 천체입니다. 처음에는 그저 또 다른 소행성이나 혜성 중 하나일 거라 생각했지만, 궤도나 속도, 모양 등을 따져본 결과 외계에서 날아온 성간 천체로 확인되면

서 전 세계 천문학자들을 흥분시켰죠.

안타까운 건 오우무아무아가 이미 태양계를 벗어나고 있는 시점에 발견되었다는 사실입니다. 2017년 9월 9일 태양과 가장 가까운 지점을 통과한 이후 이미 40일이 지난 뒤였죠. 이 천체는 발견됐을 당시 지구로부터 대략 달보다 90배가량 더 먼 거리에 떨어져 있었는데, 실질적으로 관찰할 수 있었던 기간은 겨우 열흘에 불과할 정도로 짧았습니다. 그 이후에는 오로지 그 열흘 동안 관측한 기록을 바탕으로 연구를 진행해야 하는 한계가 생긴 셈입니다.

이 외계 천체에서는 매우 특이한 점이 몇 가지 발견되었는데요. 일단 형태가 매우 길쭉합니다. 보통 소행성은 동글동글한 감자나 고구마 형태가 일반적인데 마치 김밥같이 기다란 로켓 모

인류 최초로 관측한 성간 천체, 오우무아무아

양이었던 거죠. 또 표면의 알베도albedo* 수치가 매우 높았습니다. 기껏해야 200m를 조금 넘는 작은 크기임에도 불구하고 매우 밝게 보였기 때문에 마치 표면이 금속으로 되어 있는 것은 아닌지 오해를 불러일으켰죠. 가장 이상했던 점은 태양계를 떠나갈 때의 궤적을 보니까, 태양의 중력에 따라 예상되는 속도와 궤도로 이동한 것이 아니라 훨씬 빠른 속도로 대략 4만 km를 벗어난 지점을 따라 날아갔다는 사실입니다. 그래서 '반짝반짝 빛나는 표면의 로켓 같은 형태로 마치 자체 추진력이 있는 것처럼 가속하는 외계 우주 천체'라는 내용이 정말 외계인이 보낸 우주 함선일지도 모른다는 추측을 불러일으키며, 전 세계 호사가들의 주목을 받았던 겁니다.

지금은 오우무아무아가 보여줬던 특이 현상들을 규명하려는 연구가 활발히 진행되고 있습니다. 예상과 다른 가속은 표면에 얼어 있던 수소 얼음이 승화하면서 가스를 마치 제트엔진처럼 뿜어내는 과정에서 발생한 것이라는 가설이 유력하게 제시되었으나 최근 우리나라 천문연구원 연구진이 이끄는 국제 공동연구팀이 오우무아무아의 표면 온도를 추정한 결과 그 정도 추진력을 얻을 만한 수소 얼음이 없다는 사실을 밝혀낸 논문을 발표했

• 물체가 빛을 받았을 때 반사하는 정도를 나타내는 단위다. 반사율은 입사되는 전자기파에 대한 반사량으로 계산되며, 일반적으로 0%에서 100%로 표현된다.

습니다. 그러니까 아직도 명확히 결론이 난 상태는 아닙니다. 이외에도 오우무아무아의 특이한 형태와 관련하여 항성에 근접한 천체가 강력한 중력에 의해 길게 늘어난 상태에서 갈가리 찢겨져 만들어진 것이라는 가설도 제기됩니다. 실제로 오우무아무아를 인류가 포착한 첫 외계 문명의 증거로 주장하는 천문학자도 있긴 합니다.

1973년 발간된 아서 C. 클라크의 『라마와의 랑데부Rendezvous with Rama』라는 장편 SF소설이 있는데요. 재미있는 건 그 줄거리가 머나먼 외계에서 김밥같이 생긴 원통형 구조물이 날아오고 태양 근처를 지나면서 인류가 이해할 수 없는 추진력으로 가속해서 다시 태양계 바깥의 우주로 날아간다는 내용이거든요. 놀랍게도 오우무아무아가 보여준 궤적과 형태 등이 소설의 내용과 너무나 흡사해서 수많은 SF 팬들을 열광시켰죠.

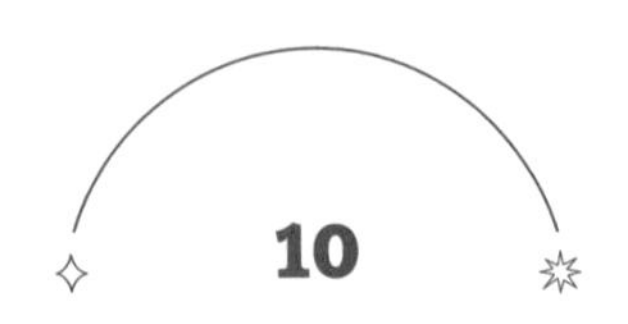

외계로부터 날아온 수상한 전파 신호?

*

〈삼체〉라는 드라마를 보면 외계 문명과 신호를 주고받는 장면이 나오는데, 알고 보니 실제로 이런 일이 있었다는 놀라운 이야기를 들었어요. 도대체 어디서 어떻게 외계 신호를 받았는지 궁금합니다. 혹시 누가 보낸 건지도 밝혀졌나요?

정확하게 외계로부터 받은 신호인지 밝혀지지는 않았지만 천문학 역사에서 무척 유명한 사건이 하나 있기는 합니다. 천문학자들이 전파망원경으로 우주를 관측하기 시작하면서 이런 상상을 하게 됐죠. 우리가 전파를 이용해 통신하고 있으니까, 만약에 인간처럼 발달한 외계 문명이 있다면 그들도 전파로 신호를 주고받지 않을까. 만약 그렇다면 외계 문명들이 내보내고 있는 전파를 우연히라도 포착해낼 수 있지 않을까 하는 아이디어를 떠올렸습니다. 그래서 본격적으로 시작한 탐사

계획 중 하나가 외계 지적 문명 탐색 프로젝트라고 해서 널리 알려진 SETISearch for Extra-Terrestrial Intelligence입니다.

1963년 SETI 프로그램의 하나로 미국 오하이오주에 특이한 전파망원경이 설치됐습니다. 이름이 'Big Ear Telescope'인데요. 우리말로 큰 귀 망원경이라는 귀여운 이름이죠. 이런 이름을 붙인 이유는 그 형태가 우리가 흔히 생각하는 접시 모양의 전파망원경과 아주 달라서인데요. 엄청나게 넓은 공터에 철사를 격자무늬로 촘촘하게 깔아놓고, 양쪽 끝부분에 마치 커다란 귀처럼 담장을 비스듬히 세운 형태의 철사 안테나입니다.

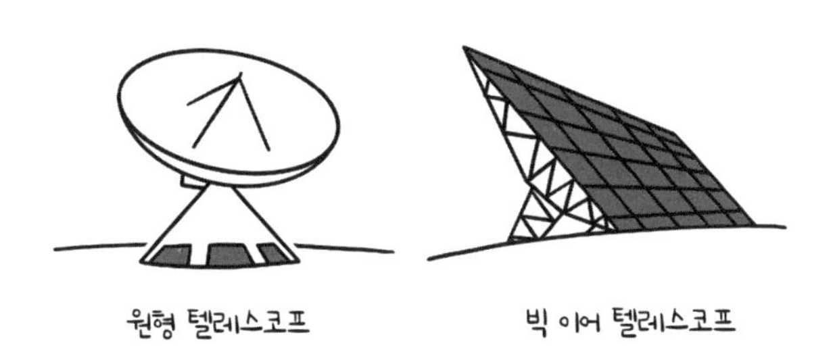

1977년 8월 15일 이 안테나가 수신한 전파의 인쇄 자료를 분석하던 오하이오 주립대학교 교수 제리 이만Jerry Ehman이 아주 특별한 신호를 발견합니다. 평상시 텅 빈 하늘에서는 대개 1이나 2 정도의 아주 낮은 강도로 노이즈가 기록되는데, 그날에는 갑자기 72초 동안 숫자 9 이상의 매우 강한 노이즈가 수신

됐다가 사라진 겁니다. 절대 자연적으로 발생한 신호일 수 없다고 생각한 이만 교수는 깜짝 놀라서 기록지에 빨간색 펜으로 "와우!Wow!"라고 적었는데, 이 이미지가 세상에 널리 퍼져서 그 뒤로 이 신호를 '와우! 신호Wow! Signal'라고 부르게 됐죠.

이 현상이 무척 흥미로운 건 와우! 신호가 날아왔던 방향이 궁수자리 부근인데, 당시 알려진 바에 따르면 그 방향에는 어떤 인공위성도 없었고 뚜렷한 초신성이나 블랙홀 같은 천체도 없었다고 합니다. 즉, 강력한 전파의 원인이 될 만한 어떤 것도 없었음에도 불구하고, 72초라는 아주 짧은 시간 동안 강력한 전파가 단발적으로 발생하고 사라졌습니다. 마치 위기에 빠진 외계인이 급하게 SOS 신호를 보내고 딱 끊긴 것처럼 말이죠. 그때부터 이 사건은 외계인과 관련한 인류의 온갖 상상력을 자극하기 시작했습니다.

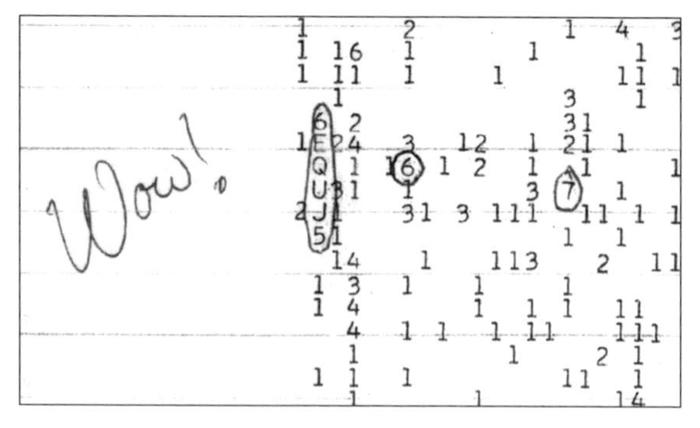

와우! 신호

72초 동안만 신호가 잡혔던 건 이유가 있었는데요. 땅에 고정된 이 철사형 안테나는 접시형 안테나처럼 고개를 상하좌우로 움직일 수 없습니다. 따라서 지구의 자전에 따라 안테나가 올려다보는 시야의 각도가 변하게 됩니다. 그 결과 하나의 시야각으로 볼 수 있는 최대 시간이 72초였던 거죠. 그래서 어쩌면 계속 이어지던 '와우! 신호'를 72초 동안만 잡아냈던 걸 수도 있습니다. 그런데 문제는 왼쪽 귀에 해당하는 안테나에 잡혔던 신호는 일정 시간 후에 오른쪽 귀에 해당하는 안테나에도 당연히 잡혀야 하는데, 이 와우! 신호가 잡히지 않았습니다. 이 부분은 결국 와우! 신호가 안테나의 오작동에 따른 잘못된 신호가 아닌가 하는 의심의 근거가 되기도 했습니다.

현재 가장 유력하게 추정하는 원인은 따로 있습니다. 1977년 당시에는 알지 못했지만, 나중에 발견된 몇몇 혜성들의 궤적을 살펴본 결과, 그 혜성들이 와우! 신호가 관측될 당시 궁수자리 부근을 지나가고 있었던 것으로 계산되었습니다. 그래서 그 혜성들이 내보낸 전파 신호를 오해한 것으로 지금은 생각합니다. 결국 와우! 신호는 외계 생명체가 보낸 것이 아니라 자연스러운 태양계 천체의 신호일 가능성이 큰 거죠.

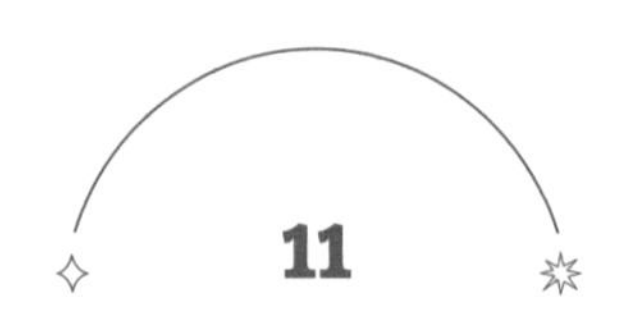

11

우리가 보는 화려한 우주 사진, 실제로 볼 수 있는 모습일까?

*

우주에 관한 책이나 영상에서 화려한 은하나 별들의 사진을 종종 볼 수 있습니다. 정말 총천연색으로 물든 아름다운 광경이 찍혀 있는데요. 밤하늘을 올려다보면, 물론 보석처럼 반짝이는 별빛을 볼 수 있긴 하지만, 사실 사진만큼 다채로운 색깔은 아니거든요. 그런 우주 사진들은 더 예쁘게 보이려고 인위적으로 보정한 건가요? 아니면 진짜 우주 공간에서 바라보면 그 정도로 화려하고 아름다운 건가요?

우주를 촬영한 사진에 대해서 천문학자들끼리 합의한 규칙이 있습니다. 먼저 인간의 눈으로 볼 수 있는 가시광 같은 경우에는 실제 목격한 것처럼 이미지를 그대로 살리는 것이 목표입니다. 사람 눈에는 빛의 빨간 파장, 녹색 파장, 파란 파장 등 삼원색RGB에 해당하는 파장을 인식하는 세포가 있고, 이를 합성해서 다른 색깔까지 구분하는 건데요. 우주 사진을 찍

을 때도 마찬가지입니다. 예를 들어 먼저 빨간 파장만 모아서 어디가 밝은 빨강이고 어디가 어두운 빨강인지를 보여주는 단색 이미지를 촬영합니다. 그런 다음 같은 방식으로 나머지 삼원색 각각의 단색 이미지를 촬영하고, 이를 겹쳐 사람의 눈으로 보는 것과 유사한 효과를 만듭니다.

문제는 우주망원경이 가시광선으로만 작동하는 게 아니라는 점입니다. 예를 들어 요즘 화제의 중심에 있는 제임스 웹 우주망원경은 적외선을 활용해 우주를 관측합니다. 그러나 적외선으로 찍은 사진은 사람의 눈에 자연스럽게 보이지 않거든요. 그런데도 우리는 제임스 웹 우주망원경이 제공하는 아름다운 총천연색 사진들을 즐기고 있죠. 그 이유는 천문학자들이 합의한 단순한 규칙 때문입니다. 같은 적외선 안에서도 파장이 긴 것과 더 짧은 것이 있습니다. 이 중 파장이 비교적 더 긴 적외선은 빨간색으로 보정하고 짧은 적외선은 파란색으로 보정하는 식으로 색깔을 정해놓습니다. 이런 과정을 통해 제임스 웹 우주망원경이 촬영한 이미지가 우리가 볼 수 있는 형태로 변환됩니다. 물론 실제로 사람이 우주로 올라가 같은 장소를 직접 본다면 사진과 완전히 똑같아 보이지는 않겠지만, 그 색감이 주는 느낌은 가시광 사진과 크게 다르지 않을 것입니다.

가시광선으로 찍은 우주 사진들 역시 마찬가지인데, 지상에서 우리가 사진을 찍을 때는 조리개의 노출 시간을 몇 초의 일부에

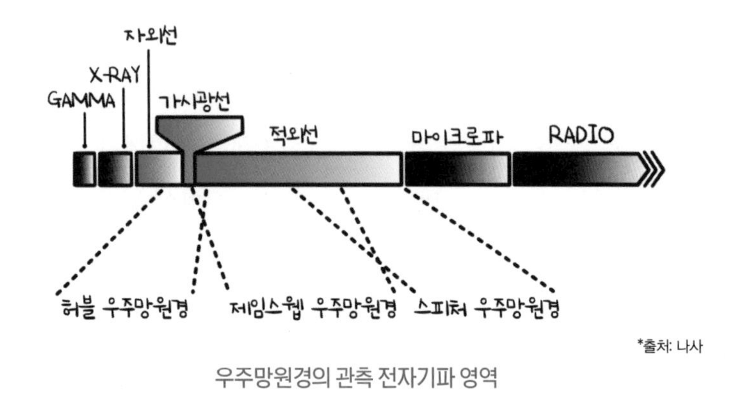

*출처: 나사

우주망원경의 관측 전자기파 영역

해당하는 매우 짧은 시간으로 설정하는데 우주망원경의 사진들은 꽤 오랜 시간 빛을 모아서 찍기 때문에 망원경과 같은 지점에서 실제로 바라보면 훨씬 어두울 겁니다. 그러나 가까이 다가가 직접 본다면 크게 다르지 않은 광경이 펼쳐지겠죠. 한마디로 우주 천체 사진은 우주망원경의 센서를 통해 얻은 데이터와 이를 해석하는 과학적 이론, 그리고 인간의 감각 사이에서 과학자들이 균형을 맞춘 일종의 합의점인 셈입니다.

천문학에서 빛을 활용하는 또 다른 흥미로운 방식이 있습니다. 천문학자들은 멀리 떨어진 은하 같은 천체들의 거리를 기록할 때 광년이나 파섹 같은 단위를 쓰지 않는다는 점입니다. 도플러 효과doppler effect*를 활용하여 빛이 적색편이赤色偏移된 정도로만 거리를 표기합니다. 얼마나 빛의 파장이 길게 늘어졌는지 그 자체를 천문학자는 거리와 같은 개념으로 받아들이는 거죠.

이와 관련해서 천문학자들이 종종 하는 농담 같은 이야기가 있습니다. 어떤 운전자가 신호등이 빨간불인데도 이를 무시하고 지나가다가 교통경찰에게 붙잡혔습니다. 딱지를 끊겠다고 면허증을 내놓으라고 하니 이 운전자가 이렇게 주장합니다.

"내가 빠른 속도로 운전해서 다가갔더니 빨간색 신호등 빛의 파장이 짧아지면서 청색편이 현상을 일으켜 내게는 파란불로 보였소. 나는 파란불일 때 지나간 셈이니 신호 위반을 하지 않은 것이오."

결국 재판정으로 사건이 넘어갔는데, 판사가 이렇게 판결했다고 합니다.

"그렇다면 신호 위반은 무죄이다. 하지만 청색편이 현상을 일으킬 만큼의 도플러 효과가 발생하려면 얼마나 빠른 속도로 달려야 하는지를 물리학자에게 계산하게 하여 과속에 대한 벌을 내리겠다."

• 전자기파를 방출하는 물체가 관측자에게 다가올 때는 관측되는 전자기파의 파장이 짧아지고, 그 물체가 관측자에게서 멀어질 때는 관측되는 전자기파의 파장이 길어지는 현상이다. 여기서 파장이 짧아지는 현상을 '청색편이'라고 하고, 파장이 길어지는 현상을 '적색편이'라고 한다.

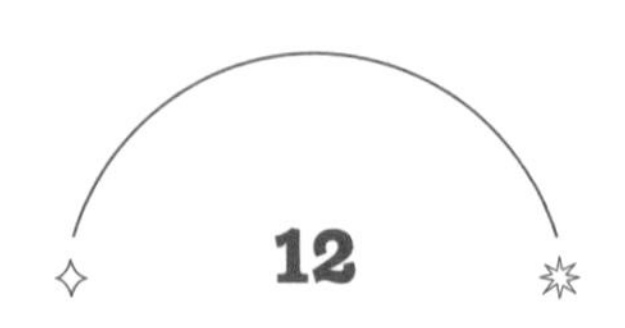

12

달에도 달이 존재할 수 있을까?

*

우주의 모습을 머릿속에 떠올려보면 모든 것이 빙글빙글 돌아간다는 느낌입니다. 태양을 포함해서 우리 은하에 속한 별들은 중심부의 초거대 질량 블랙홀을 중심으로 빙빙 돌고 있고, 그런 별들 주변으로는 지구와 같은 행성들이 다시 돌고 있고, 행성 주변으로는 지구의 달과 같은 위성들이 또 돌고 있는데요. 심지어 거대한 은하끼리도 서로의 중력을 매개로 돌고 있다고 합니다. 그렇다면 달 주변을 도는 달도 존재할 것 같다는 생각이 드는데요.

개념상으론 충분히 존재할 가능성이 있습니다. 이름도 무척 귀여운데요, '문문moon-moon'이라고 합니다. 굳이 우리말로 번역하면 '달달'이겠네요. 문제는 지구 주변에 달이 있고 달 주변에 다시 달달이 있다면 이 달달에게 달뿐만 아니라 지구의 중력까지도 영향을 미친다는 사실입니다. 움직이는 방향이 적절한 위치를 벗어나면 달의 중력에 온전하게 붙잡혀 있는 것

이 아니라 오히려 지구의 중력에 끌려가 버릴 수도 있습니다. 문문이 이론상으론 가능하지만 실질적으로 관측하기가 쉽지 않은 이유죠.

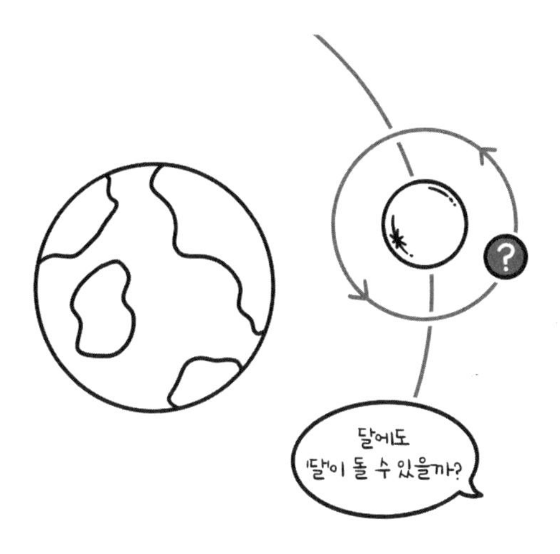

사실 간단히 생각해서 인공적으로 달 주위를 맴도는 궤도선을 쏘아 보냈다면 바로 문문이라고 볼 수도 있죠. 다시 규모를 확대해서 태양과 지구, 달과의 관계를 보면 태양의 관점에서 달이 바로 문문이 되는 거고요. 그렇다면 '어떻게 달은 태양의 강한 중력에 끌려가지 않고 안정적인 궤도를 유지할까' 하는 의문이 들겠죠. 여기서 등장하는 개념이 힐 스피어hill sphere인데요. 중심 천체가 자신의 중력권 안에서 위성을 지배할 수 있는 영역을 말합니다. 이 영역은 강력한 중력을 가진 중심 항성과의 거리가 가까울수록 좁아지고, 반대로 멀어질수록 넓어집니다. 예를 들어 태양계 외곽에 있는 목성, 토성 등은 넓은 힐 스피어에 무척 많은 위성을 거느리고 있습니다. 그 이유는 단순히 목성과 토성의 중력이 강해서만이 아니라, 이들 행성이 태양에서 멀리 떨어져 있어 태양 중력의 영향을 덜 받기 때문입니다. 반면, 수성과 금성은 태양에 가까워 태양이 끌어당기는 중력 영향이 강해 위성을 붙잡아둘 수 없었던 것입니다.

유사한 개념으로 로슈 한계roche limit가 있습니다. 달이 지구의 위성으로 남아 있으려면 태양 쪽으로 너무 벗어나서도 안 되지만, 그렇다고 마냥 지구와 가까워지는 것도 안 됩니다. 달은 커다란 부피를 가진 말 그대로 '덩어리'인데요. 엄밀하게 구분하자면 지구를 바라보는 달의 앞쪽은 지구를 등진 달의 뒤쪽보다 지구 중력의 영향을 더 강하게 받습니다. 그래서 달이라는 덩어리의 앞쪽과 뒤쪽은 다른 강도의 힘을 받죠. 만약 달이 지구와 너무 가까워져서 이 힘의 차이, 즉 차등 중력이 일정 수준 이상으로 커지면 찢어지듯이 달이 부서질 겁니다. 이렇게 위성이 주행성 중력의 영향으로 부서지지 않고 버틸 수 있는 가장 가까운 거리가 바로 로슈 한계입니다.

목성과 토성 등이 주변에 거대한 고리를 두르고 있는 이유도 바로 이 로슈 한계 때문인데요. 크기가 거대한 행성이 주변 위성에 가하는 차등 중력은 덩치에 걸맞게 아주 강력합니다. 이로 인해 주변 위성들은 더 쉽게 부서지고 으스러지면서 파편이 되어

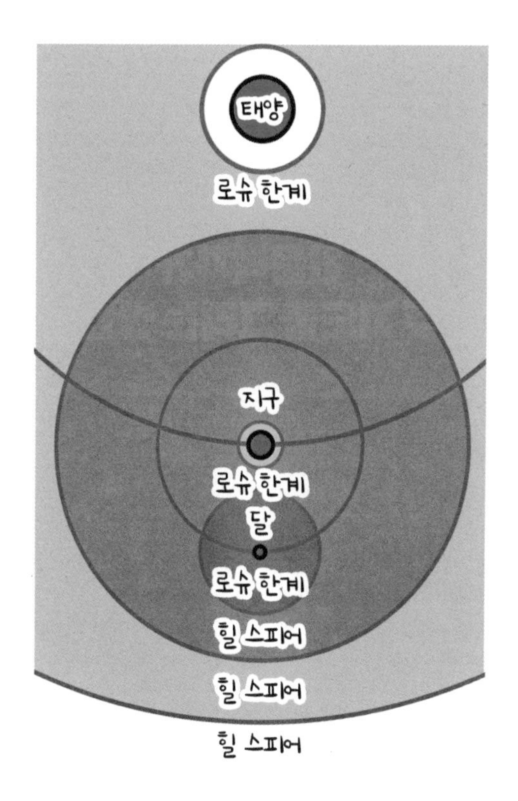

거대한 고리를 이루는 거죠. 만약 우리 달도 인공위성 궤도의 절반 수준으로 지구와 가까워진다면 산산조각이 나서 토성처럼 멋진 고리가 될 수도 있습니다. 물론 거기서 끝나는 것이 아니라 그 수많은 파편이 우리를 향해 쏟아지는 끔찍한 아포칼립스가 펼쳐질 수도 있지만요.

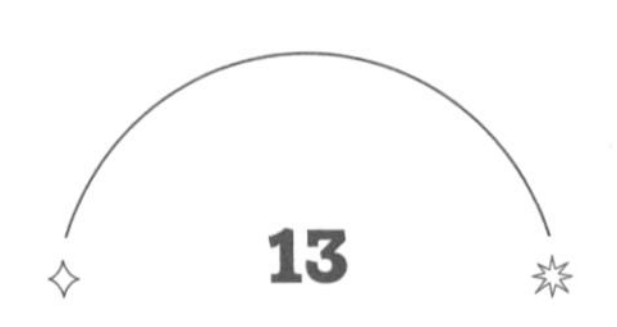

천문학자가 우주 지도를 그리는 방법은?

✳

천문학자들이 우주 지도를 그리잖아요. 저는 지도 하면 떠오르는 인물이 대동여지도를 그린 고산자 김정호인데요. 우리나라 곳곳을 일일이 방문하는 정말 힘든 과정을 거쳐 지도를 완성한 것으로 알고 있습니다. 그 여정 속에 얼마나 많은 고난과 인간 승리에 가까운 노력이 깃들어 있었는지, 제가 어렸을 때는 드라마로 제작될 정도였거든요. 이렇게 한 나라의 지도를 그리는 것도 힘든데, 물론 과학 기술이 엄청나게 발달했다 하더라도 천문학자들이 우주 지도를 어떻게 그릴 수 있는지 궁금합니다.

천문학자들이 우주의 지도를 그리려면 가장 먼저 해결해야 할 과제가 하나 있습니다. 밤하늘을 올려다보면 각각의 별이 어떤 방향에 있는지는 알 수 있지만, 얼마나 멀리 떨어져 있는지는 파악하기가 쉽지 않다는 점입니다. 그런데 우리가 아주 먼 옛날부터 지금까지 비교적 가까이 있는 별들의 거

리를 잴 때 사용해온 획기적인 방법이 있습니다.

태양을 중심으로 둥그렇게 공전하는 지구가 현재 어디에 위치하는지, 즉 지구의 상대적인 위치에 따라 관측하려는 별의 겉보기 위치도 조금씩 달라집니다. 이 현상을 우리도 간단하게 실험해볼 수 있는데, 양 눈 사이 20cm쯤 앞에 손가락 하나를 세워놓고 오른쪽 눈으로만 바라보고 다시 왼쪽 눈으로만 바라보면, 분명 손가락은 가만히 있는데 어느 쪽 눈으로 보는지에 따라서 손가락의 위치가 다르게 느껴지는 것을 알 수 있습니다. 이러한 현상을 시차視差라고 부릅니다. 보는 방향의 각도에 따라서 차이가 생긴다는 의미죠. 마찬가지로 지구의 상대적인 위치에 따라 보이는 별들의 시차가 큰지 작은지 그 정도를 파악하면 관측하려는 별까지의 거리를 계산할 수 있습니다.

유럽우주국European Space Agency[•]에서 운용하는 가이아라는 이름의 우주망원경이 있는데, 바로 이 방법을 활용해서 우리 은하 내, 그러니까 지구로부터 대략 3만 광년 이내 거리의 수십억 개 별들의 세밀한 위치를 관측하고 있습니다. 이를 통해서 지금까지 인류가 만들어내지 못했던 가장 정교한 우리 은하 속 별들의 지도를 그리고 있는 거죠. 근데 안타까운 점은 이 가이아 우주망원경으로 그릴 수 있는 가장 먼 별까지의 범위가 대략 3만 광년 이내라는 사실입니다. 우리 은하의 지름은 약 10만 광년에 달하기 때문에 가이아가 목표로 한 방대한 우주 지도로도 우리 은하조차 모두 포함하지 못한다는 사실입니다. 우주가 얼마나 큰지 다시 한번 느낄 수 있습니다.

가이아 우주망원경을 통해서 별들의 정확한 위치도 파악하고, 또 시간이 흐르면서 각 별의 위치가 어떻게 변해가는지 그 움직임도 확인하고 있습니다. 이를 통해 지금 보이는 별들의 공간 분포와 각 별의 움직임을 거꾸로 추적해서 먼 과거부터 지금까지 별들이 어떻게 자리를 바꿔왔는지도 알 수 있는데요. 이와 같은 방식으로 우리 태양이 오래전에 어디에서 태어난 별인지를 추적하는 연구도 실제 진행되고 있습니다.

• 유럽 각국이 공동으로 설립한 우주개발기구. 1975년 5월에 설립되었으며, 설립 당시에 10개국이었으나 현재는 19개국이 등록되어 있다.

원래 우주의 거의 모든 별은 한꺼번에 다른 많은 별과 함께 태어납니다. 어마어마한 규모로 퍼져 있던 가스 구름이 응축되며 그 안에서 수십만 개의 별들이 갑자기 한꺼번에 탄생하죠. 그래서 보통은 과거 시골 마을의 집성촌에서 친척이나 동갑내기 친구들이 한곳에 모여 살았듯이 우리 태양도 당연히 그렇게 태어났을 확률이 높습니다. 그런데 안타깝게도 우리 태양은 친척 별들이 바글바글 살던 번화가에서 우연히도 궤도가 틀어지고 바깥으로 튕겨 날아가서 지금처럼 외롭게 혼자 살아가는 거로 추정해볼 수 있죠. 그래서 우리 태양의 원래 고향은 어디였을지, 함께 태어난 형제 별들은 어디에 있을지를 찾아내기 위한 탐색이 계속되고 있습니다.

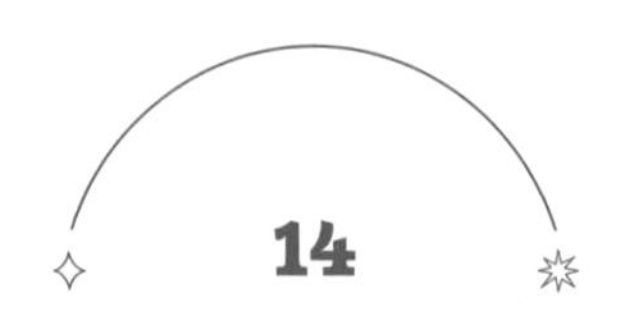

인류의 종말을 예고하는 네메시스 가설은 진짜일까?

*

할리우드 영화를 보면 다양한 형태의 재앙으로 인류의 종말이 다가오고, 그 속에서 생존하려는 주인공의 악전고투가 흥미진진하게 펼쳐집니다. 엄청난 지진이나 해일, 화산 분출 또는 갑자기 달이 추락하거나 난데없이 혜성이 날아와 지구와 충돌한다거나 외계인이 침공하기도 합니다. 그런데 이런 SF적인 상상력만이 아니라 실제로 과학적 근거를 가진 네메시스 가설이라는 인류 종말론이 있다고 하더라고요. 도대체 무슨 내용입니까?

우주에 흥미가 있다면 한 번쯤 들어봤을 것 같습니다. 우리 태양계의 외곽에 태양과 짝을 이뤄 아주 길게 찌그러진 타원 궤도를 도는 또 다른 별이 숨어 있다고 하는 음모론 비슷한 주장 말이에요. 그리스 신화에 등장하는 복수의 여신 이름을 붙여서 '네메시스 별'이라고 부르는데요. 이 네메시스가 주기적으로 태양계 안쪽으로 다가와서 태양과 지구 주변을 도는

소행성들의 궤도를 교란하고, 그로 인해 엄청나게 많은 운석이 지구에 추락하면서 치명적인 생명 대멸종을 일으킨다고 전해집니다. 시쳇말로 대표적인 '떡밥'인 거죠.

처음 이 네메시스가 과학계에 언급된 배경이 좀 흥미로운데요. 데이비드 라우프David Raup라는 고생물학자가 1984년 발표한 논문에서 주장한 내용과 관련이 있습니다. 지난 2억 5000만 년에 걸친 다양한 생물 화석의 변화를 분석해보니 지구에서 열두 번의 생물 대멸종 사태가 벌어졌고, 흥미롭게도 그 열두 번에 걸쳐 진행됐던 대멸종 사건이 불규칙한 시간 간격으로 일어난 것이 아니라 대략 2600만 년에서 3000만 년 정도의 주기로 반복됐다고 주장했습니다. 지구 생물군의 대멸종이 운명적으로 찾아온다는 음모론의 출발점이 된 거죠.

이 주장을 바탕으로 두 천문학 연구팀이 독립적으로 논문을 발표합니다. 두 편 모두 권위 있는 학술지인 《네이처》에 실리기도 했는데요. 라우프의 주장에 근거해서 다량의 운석이 태양계 안쪽으로 주기적으로 쏟아지고 생물 대멸종 사태가 이어지는 이유를 천문학적 관점에서 유추해본 거죠. 그 가설 중 하나가 태양으로부터 1~2광년 거리를 두고 아주 기다란 타원 궤도를 그리는 어떤 별이 숨어 있기 때문이라고 주장합니다. 그 이후 천문학자들이 이 별에게 복수의 여신 네메시스의 이름을 붙입니다. SF 영화 〈스타워즈〉에 등장하는 데스스타Death Star• 의 이름을 빌려

태양계의 두 번째 태양, 네메시스

죽음의 별이라고 부르기도 합니다.

지금까지도 이 네메시스라는 별의 정체가 공식적으로 확인된 적은 없습니다. 하지만 당시에는 적지 않은 천문학자와 다른 분야의 과학자들까지 이 별이 아마도 태양계 끝자락 너머의 어둠 속 어디쯤엔가 숨어 있을 거로 믿었던 것 같습니다. 운석이 대량으로 떨어지는 특정한 시기가 2600만 년 주기로 반복해서 돌아온다는 지질학적 증거가 제기되었던 데다가 2000년대 들어 태양계 외곽인 명왕성이나 해왕성 근처에서 특이한 궤도를 도는 소천체들이 엄청나게 발견된 영향이 컸죠. 우리가 이 천체들을

• 〈스타워즈〉에 등장하는 거대한 공 모양의 전투용 인공위성이다. 데스스타의 슈퍼 레이저 한 방이면 지구만 한 크기의 행성이 폭파된다.

해왕성보다 먼 궤도를 돌고 있다고 해서 '해왕성 바깥 천체Trans-Neptunian Object, TNO'라고 부르는데, 지금까지 공식적으로 발견된 TNO만 3,000개 정도가 됩니다. 대표적으로 세드나Sedna, 에리스Eris 같은 왜행성矮行星, dwarf planet•이 있습니다.

대부분 천문학자가 태양계 외곽에서 길게 찌그러진 타원 궤도를 그리는 이런 TNO들이 불규칙한 분포로 사방에 고르게 존재할 거로 생각했는데, 실제로 TNO들의 궤도를 분석해본 결과 매우 흥미롭게도 한 방향으로만 쏠려 있다는 사실을 발견했습니다. 이후 통계적으로 분석해보니 그냥 우연히 궤도가 한 방향으로만 형성될 확률은 0.007% 정도로 희박했습니다. 그래서 어떤 특정한 원인이 작용했을 거로 추정하게 된 거죠.

특히 흥미로운 주장을 펼친 사람은 마이클 브라운Michael E. Brown이라는 천문학자입니다. 그는 명왕성 근처에서 비슷한 크기의 천체들을 하나둘 발견하면서 결국 2006년에 명왕성이 행성 지위를 박탈당하는 계기를 만든 장본인이죠. 이 사람이 TNO들의 궤도를 연구하면서 명왕성이 아닌 또 다른 천체, 즉 태양계의 아홉 번째 행성이나 또 다른 별이라고 불러도 될 만한 그런 육중한 천체가 태양계 끝자락에 있는 것 같다는 주장을 하면서

• 태양을 공전하며 구형을 유지할 수 있는 충분한 질량이 있고, 궤도 주변의 다른 천체들을 흡수할 수 없으며, 다른 행성의 위성이 아닌 태양계의 행성.

네메시스 가설이 더욱 주목을 받기도 했습니다. 앞서 이야기한 네메시스 가설의 근거가 고생물학이나 지질학적인 데이터에서 비롯했다면, 최근에는 태양계 끝자락에서 돌고 있는 소천체들의 궤도 분포를 통해서 그 어둠 속에 무언가 숨어 있을지도 모른다는 추정까지 등장한 거죠.

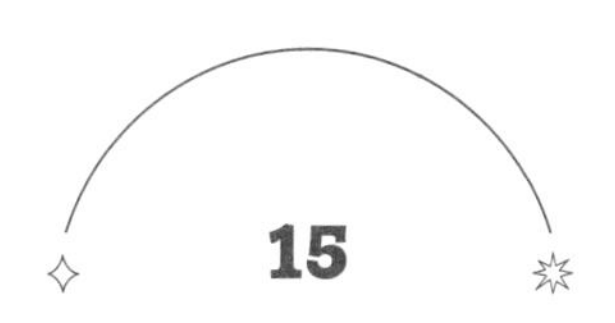

태양계에서
아홉 번째 행성을 찾는 방법은?

*

'수금지화목토천해명'은 제 나이 또래라면 누구나 외우고 다니던 태양계 행성의 앞글자 순서였는데요. 앞선 설명처럼 어느새 명왕성이 행성의 지위에서 탈락해버렸더라고요. 그래서 이제는 '수금지화목토천해'로 갑자기 8글자가 되어버려서 입에 잘 붙지도 않고 참 어색합니다. 그러면 이제 앞으로도 영원히 태양계의 행성은 8개로 끝나는 건가요, 아니면 새로운 아홉 번째 주인공이 등장할 수 있는 건가요?

지금도 많은 천문학자의 의견이 갈리기는 합니다. 하지만 '있다면'이라고 가정하고, 이 행성을 어떻게 찾을 수 있을지 한번 생각해보겠습니다. 일단 지금까지 우리가 관측한 3,000여 개 정도의 태양계 외곽 작은 소천체들, 즉 TNO들의 궤도가 어떻게 쏠려 있는지에 근거해서 그 중력을 추정해 지금 우리가 찾는 이 미지의 행성이 어느 정도 거리와 궤도를 돌고 있을

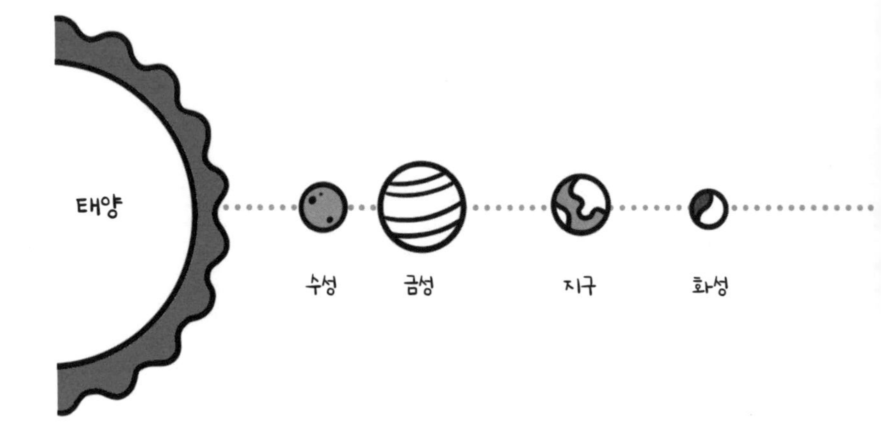

지를 추정할 수 있을 겁니다. 이 계산을 해보면 태양으로부터 대략 300~380AU• 정도의 거리, 그러니까 지구와 태양 사이 거리의 한 300배 정도 되는 먼 거리까지 늘어진 기다랗고 찌그러진 궤도를 돌고 있을 거로 추정할 수 있습니다.

실제로 이런 방식으로 발견한 행성이 있습니다. 태양계 끝자락에 있는 천왕성, 해왕성입니다. 처음 천왕성이 발견되었을 때 그 궤도를 추적해보니까 단순히 태양의 중력만 고려했을 때 보여야 하는 움직임에서 조금씩 벗어나는 이상한 요동을 보였거든요. 그래서 천왕성의 이 괴상한 움직임을 어떻게 설명할 수 있을까를 고민하다가 당시 수학자들이 "아, 이거 어쩌면 천왕성보다 더 바깥에 숨어 있는 또 다른 행성이 하나 더 있어서 그 행성의

• 1AU는 지구와 태양 사이 거리.

아홉 번째 주인공은 누구?

중력 때문에 안쪽 천왕성의 궤도가 틀어지는 게 아닐까?" 하고 추측했었던 거죠. 그리고 정말 절묘하게도 딱 수학자들이 예측했던 그 자리에서 천왕성의 다음 행성인 해왕성을 발견한 사례가 있습니다. 그래서 해왕성은 우리 태양계 행성 중에서 유일하게 실제 망원경으로 목격되기 이전에 수학적으로 그 존재를 예측한 천체가 된 거죠.

문제는 아홉 번째 행성이 정말 존재한다 하더라도 실제 관측을 통해 이를 확인하는 건 굉장히 어렵다는 사실입니다. 두 가지 난관이 가로막고 있는데요. 첫 번째는 태양과의 거리가 너무 멀다는 점입니다. 행성은 항성인 별과 달리 스스로 빛나지 않습니다. 태양 빛을 받아 이를 반사해서 우리 눈에 보이는 건데, 태양에서 너무 멀리 떨어져 있으니까 그곳까지 도달하는 빛 자체부터 엄청 어둡습니다. 그 미미한 태양 빛이 반사되어 다시 먼 거리를 날아와 지구에서 보여야 합니다. 그러니 이렇게 두 배로 어두워진 빛을 실제 관측해내는 건 무척 어려운 일이 됩니다. 가시광선으로 이를 감지하는 건 거의 불가능하고, 결국 아주 약한 열을 품은 천체를 관측할 때 사용하는 적외선 망원경을 동원해야겠죠.

두 번째 문제는 밤하늘을 관측한 사진에서 어떤 것이 별이고 어떤 것이 우리 태양계 내의 천체인지 구분하는 가장 중요한 기준인 '움직임'을 확인해야 하는 어려움입니다. 태양계 바깥의 멀리 떨어진 우주 배경의 별은 거의 자리를 바꾸지 않습니다. 그 고정된 배경 별들 사이로 무언가 꼬물꼬물 움직이고 있다면 아, 이것은 태양계 주변을 돌고 있구나 하고 판단하는 거죠. 그런데 아홉 번째 행성이 설령 있다 하더라도 궤도가 너무 크니까, 다시 말해서 태양 주변을 한 바퀴 돌 때 걸리는 공전주기가 거의 수만 년에 달할 정도로 엄청나게 느리게 움직일 텐데, 단순히 한두 달 관측해서는 움직임이 있었는지 구분해낼 수가 없습니다. 이런 이유로 아홉 번째 행성을 찾는 천문학자들은 심지어 100년 전 유리판 천체 사진을 구해서 지금의 디지털 사진과 비교하는 작업까지 하고 있습니다.

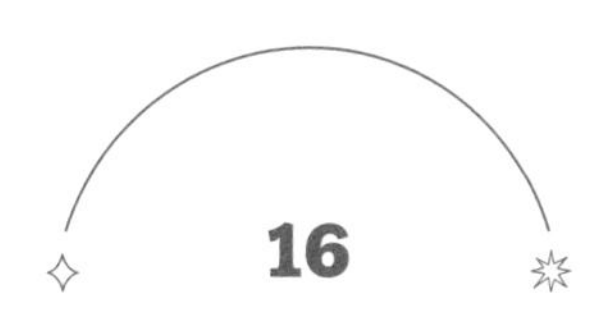

명왕성은 어쩌다 행성의 지위를 잃었을까?

✳

저는 명왕성이 태양계 행성의 자격을 잃은 것이 유독 안타까웠습니다. 오래전에 우연히 우주탐사선이 찍었다는 명왕성의 사진을 봤는데, 표면에 커다란 하트가 너무나 선명하게 그려져 있어서 정말 예쁘더라고요. 사실 지구의 달 표면에는 토끼라거나 두꺼비라거나, 코에 걸면 코걸이 귀에 걸면 귀걸이 식의 모호한 이미지가 보이는 반면에 명왕성은 사랑의 상징인 하트가 누구나 알아볼 수 있게 그려져 있었거든요. 도대체 명왕성은 어쩌다 행성의 지위를 잃은 건가요?

명왕성은 처음 발견됐을 때부터 조금 난감한 존재이기는 했습니다. 다른 행성들과 비교하면 크기부터 무척 작았거든요. 태양계 안쪽부터 바깥쪽 행성까지 쭉 살펴봤을 때 안쪽의 수성, 금성, 지구, 화성은 모두 크기가 비교적 작은 암석 행성들이고 바깥쪽의 목성, 토성, 천왕성, 해왕성은 덩치가 큰 가

스 행성들입니다. 그런데 명왕성은 갑자기 이 법칙에서 벗어나 바깥쪽에 있는데도 크기가 작습니다. 게다가 마치 혜성처럼 크게 기울어지고 찌그러진 타원 모양의 궤도를 그리거든요. 그래서 적지 않은 천문학자가 처음부터 명왕성을 혜성으로 분류해야 한다고 주장하기도 했습니다. 하지만 그럴 수 없었던 것이, 혜성은 기본적으로 긴 가스 꼬리를 가져야 하는데 명왕성은 그렇지 않았거든요. 또 소행성으로도 분류할 수 없었던 이유도 있었는데, 당시 기준에 따르면 소행성은 목성과 화성 사이에서 태양 주변을 도는 궤도를 그려야 했습니다. 혜성으로도 소행성으로도 분류할 수 없어서 어쩔 수 없이 행성이 된 거죠.

2000년대 들어 천문학자 마이클 브라운이 명왕성 너머의 행성을 찾는 연구를 시작합니다. 당시 천문학계에는 태양계 안에서 행성급의 덩치 큰 주요 천체는 모두 발견했고 또 다른 행성을

1930년 발견되어 76년 만에 태양계에서 퇴출된 명왕성

*출처: NASA

찾는 건 의미 없는 시도라는 인식이 팽배했습니다. '또 다른 행성이 있지 않을까' 하는 마이클 브라운의 문제 제기는 학계의 주목을 받지 못했죠. 그런데 놀랍게도 명왕성과 비슷한 크기와 궤도를 도는 새로운 천체들이 하나둘 발견되기 시작한 거죠. 그런 식으로 콰오아Quaoar라는 천체가 발견됐는데, 이 과정에서도 흥미로운 이야기가 숨어 있습니다. 이 천체가 처음 발견될 때 무척 밝았습니다. 천체가 이렇게 밝다는 것은 덩치가 꽤 크다는 의미여서 명왕성보다도 더 큰 줄 알았습니다. 이런 이유로 마이클 브라운은 마침내 태양계의 열 번째 행성을 발견했다고 환호했죠. 하지만 알고 보니 이 콰오아라는 천체는 표면이 아주 매끈한 얼음으로 덮여 있어서 태양 빛을 잘 반사했던 거죠. 실제 크기는 명왕성보다 조금 더 작은 것으로 확인됐습니다.

하지만 마이클 브라운은 포기하지 않고 콰오아 정도의 천체가 있다면 명왕성보다 큰, 누구라도 인정할 만한 열 번째 행성이 분명 있을 거로 확신하고 관측을 계속해나갑니다. 그런 식으로 세드나, 하우메아Haumea, 마케마케Makemake라는 소천체까지 발견이 이어집니다. 마지막으로 에리스Eris라는 또 다른 소천체를 발견하는데, 놀랍게도 명왕성보다 덩치가 더 큰 것으로 확인되죠. 이것이 어떤 의미인가 하면, 그 주변 궤도에서 명왕성이 가장 큰 덩치로 누리던 주인공의 지위를 잃게 된다는 거죠. 마이클 브라운은 마침내 열 번째, 열한 번째 행성을 찾았다고 인정받을 수 있을 거로 기대하지만, 상황은 전혀 예기치 않게 흘러갑니다.

천문학자들은 마이클 브라운이 발견한 이런 소천체들을 두고 고민하기 시작합니다. 이들을 모두 새로운 행성으로 인정해준다면 태양계 행성의 수가 너무 많아지는 것 아니냐는 문제 제기를 했죠. 이는 다시 무엇이 행성이냐, 즉 행성의 정의에 대한 고민으로 이어집니다. 예전처럼 태양 주변을 도는 적당한 크기의 천체라고 얼버무리면 앞으로도 우후죽순처럼 발견될 다양한 크기의 모든 천체가 행성이 되어버리니까요. 그러면 앞으로 우주를 배울 학생들은 수금지화목토천해……… 식으로 이어지는 수백 개 행성의 이름을 다 외우기도 힘들어지겠죠.

여기서 우리가 놓치지 말아야 할 더 중요한 점은 이때까지 인류가 행성에 대한 정확한 정의를 내리지 않았다는 사실입니다. 그저 태양을 도는 덩치 큰 천체들을 오랜 시간 관습적으로 행성이라고 불러왔던 거죠. 마침내 2006년에 세계의 천문학자들이 체코 프라하에서 개최된 국제천문연맹 회의에 모여 행성을 어떻게 정의할지에 관한 안을 두고 투표를 진행합니다. 아직도 많은 사람이 이 회의에서 명왕성의 지위만을 두고 투표했다고 오해하는데, 정확한 안건은 '행성을 어떻게 새로 정의할 것이냐'였습니다. 새로운 행성 정의안이 찬성 237표, 반대 157표로 통과되면서 결국 명왕성이 행성 지위를 잃고 말았습니다.

이 회의에서 세 가지 기준으로 행성의 정의를 내렸습니다. 첫

2006년 국제천문연맹에서 정리한 행성의 정의

번째, 태양을 중심으로 궤도를 돌아야 합니다. 두 번째, 충분히 중력이 강해서 둥그런 형태를 유지할 수 있어야 합니다. 덩치가 일정 규모 이상 되지 않는 소천체들은 중력이 약해서 감자나 고구마처럼 쭈글쭈글하고 못생긴 생김새를 갖습니다.

세 번째 기준이 바로 명왕성이 행성의 지위에서 탈락한 이유인데요. 주변 궤도에서 압도적인 지배력을 발휘해야 한다는 겁니다. 더 쉽게 이야기하자면 자신의 궤도 위에 존재하는 작은 천체들을 집어삼켜서 말끔하게 청소할 수 있어야 한다는 거죠. 예를 들어 목성은 95개, 토성은 무려 145개나 되는 위성을 압도적인 중력으로 거느리면서 깨끗하게 청소된 궤도를 돌고 있죠. 이렇게 명왕성은 세 번째 기준을 충족하지 못해 왜행성으로 전락하고 맙니다.

구독자들의 이런저런 궁금증 3

Q1. 〈스타워즈〉와 같은 우주 배경 영화를 보면 우주 전함끼리 서로 폭탄을 쏘아서 불이 나곤 합니다. 제가 알기로는 산소가 있어야 불이 날 수 있는데, 실제로 우주선에서도 화재가 발생할 수 있는 건가요? 생각해보니 태양도 불타오르고 있다고 이야기하는데, 지구와 달리 산소 없이 불이 날 수 있는 건지, 아니면 우리가 생각하는 화재와는 다른 현상인 건지 궁금합니다.

-woosuk1734

우주에서 화재가 일어날 수 있는지에 관한 질문은 우주 탐사의 슬프고 중요한 교훈과도 연결됩니다. 우주 공간에는 당연히 공기가 거의 없고 밀도가 매우 희박해서 불씨가 발생하지 않습니다. 하지만 우주선 내부라면 충분히 일어날 수 있습니다. 우주인이 우주선 안에서 생활하려면 높은 밀도의 산소가 주입되기 때문입니다.

1967년에 일어난 가슴 아픈 사례가 있습니다. 당시 본격적으로 아폴로 유인 달 착륙 임무 수행을 위해 새롭게 우주선 캡슐이 만들어졌습니다. 이를 테스트하기 위한 시험 비행이 진행되었습니다. 당시에는 우주인의 호흡만을

아폴로 1호 화재 사건 이후 모습

출처: Wikimedia Commons

신경 썼기 때문에 우주선 내부는 농도 100%의 산소로 가득 차 있었습니다. 그런데 시험 과정에서 전기 배선에 불꽃이 튀었고, 산소가 가득했던 우주선 내부는 순식간에 화염에 휩싸였습니다. 이 끔찍한 사고로 안에 타고 있던 우주인 세 명은 모두 세상을 떠나고 말았습니다. 안에서는 열 수 없도록 제작되었던 해치의 문도 중요한 문제였지만, 우주선 안에 지나치게 높은 농도로 산소가 채워져 있었다는 점이 더 큰 원인이었죠. 이 사고를 계기로 나사NASA는 화재 위험성과 기타 안전상의 문제로 인해 우주선 안의 가스 비율을 조정했습니다. 우주선 안에 들어가는 공기를 질소와 산소가 6 대 4 비율이 되도록 했습니다. 우주선에서도 끔찍한 화재 사고가 벌어질 수 있다는 것을 보여주는 슬픈 사례입니다. 원래 이 미션은 '아폴로'라는 코드네임을 사용하지 않았으나, 사고 이후 유족들의 의견을 반영하여 공식적으로 '아폴로 1호'라는 명칭이 부여되었습니다.

그렇다면 우주선 바깥의 우주 공간에 덩그러니 떠 있는 태양은 어떻게 뜨겁게 타오를 수 있는 걸까요? 태양의 불은 우리가 일상적으로 생각하는 불과는 다릅니다. 일반적으로 불이 발생하려면 연소를 위해 산소가 제공되어야 합니다. 하지만 진공 상태에서는 산소가 없으므로 불꽃이 일어날 수 없습니다. 태양에서 벌어지는 화염은 일상에서 일어나는 화학적 연소와는 다릅니다. 핵융합 반응이라는 전혀 다른 차원의 작용으로 높은 온도가 유지되죠. 태양 내부의 극도로 높은 밀도와 압력으로 인해 수소 원자핵이 서로 융합하는 핵융합 반응이 벌어집니다. 이 과정에서 수소 원자핵은 헬륨 원자핵으로 반죽이 되면서 막대한 에너지를 방출합니다. 이때 나오는 높은 에너지로 인해 태양은 뜨겁게 달궈지고, 그에 상응하는 빛을 방출할 뿐입니다.

〈스타워즈〉와 같은 SF 영화에서 등장하는 폭발 장면은 시각적으로는 멋지지만, 실제 물리 법칙과는 맞지 않는 부분이 많습니다. 특히 우주는 공기가 없는 진공 상태이기 때문에 설령 우주 공간에서 화재가 일어나도 영화에서처럼 화염과 굉음이 퍼지는 장면은 현실적으로 불가능합니다. 대신 단순히 열이 퍼지고 파편이 날아가고, 밝은 섬광이 조금씩 반짝이는 정도의 모습으로 보일 겁니다. 하지만 관객들에게 더 극적인 효과를 주기 위해서 영화에서는 일부러 불꽃과 폭발음을 넣는 것입니다. 이러한 비현실적인 요소는 영화적인 연출이라고 보면 좋겠습니다.

Q2. 우주가 점점 더 빠르게 팽창하고 있다고 이야기하는데요. 그러면 팽창하고 더 빠르게 팽창하고, 끊임없이 더욱더 빠르게 팽창한 결과 최종적으로 우주는 어떻게 되는 건가요? 그냥 영원히 팽창만 하는 건가요? 쉽게 이해가 가지 않고 감히 상상도 되지 않는데, 최신 연구 결과나 가장 유력한 가설 같은 게 있나요?

-doyun9987

우주의 팽창과 미래에 관해서는 지금도 천문학계에서 가장 활발히 연구되는 중요한 문제입니다. 1929년 천문학자 에드윈 허블이 발견한 허블의 법칙에 따르면, 먼 은하는 우리에게서 멀리 떨어져 있을수록 그 거리에 비례해서 더 빠르게 멀어지는 것처럼 관측됩니다. 은하가 멀어지는 속도는 그 은하가 속한 우주 공간 자체의 팽창 속도를 대변합니다. 허블의 법칙을 간단하게 수식으로 표현해볼게요.

우주의 팽창 속도(v) = 비례 상수(H) × 은하의 거리(d)

여기서 은하까지의 거리와 은하의 후퇴 속도 사이의 비례 상수에 해당하는 H를 허블의 이름을 따서 '허블 상수'라고 부릅니다.

우주의 진화라는 거창한 이야기를 곱하기 하나만으로 이루어진 아주 간단한 관계식으로 표현할 수 있다는 것이 아주 매력적입니다. 허블의 법칙에서 볼 수 있듯이, 결국 우주의 팽창 속도는 그 은하까지의 거리에 비례해서 계속 증가합니다. 거리가 충분히 멀어지면 우주의 팽창 속도는 당연히 빛의 속도를 돌파할 수 있습니다. 흔히 이와 관련해 아인슈타인의 상대성 이론을 떠올리며, "우주에 있는 모든 것은 빛의 속도를 초과할 수 없다"는 원칙과 충돌하는 것이 아닌가 하는 의문을 품기도 합니다. 하지만 이는 전혀 문제가 되지 않습니다. 여기서 말하는 '빛의 속도를 넘는다'라는 표현은 개별 은하가 공간을 가로질러 이동하는 속도를 뜻하는 것이 아닙니다. 오히려 우주 자체가 팽창하면서 공간이 늘어나는 과정에서 먼 은하들이 우리에게서 멀어지는 속도가 빛보다 빠르게 보일 수 있는 것입니다. 이는 상대성 이론이 제한하는 '물질의 이동 속도'와는 다른 개념이기 때문에 물리 법칙을 위반하는 것이 아닙니다. 아인슈타인의 제한한 조건은 물질에만 적용될 뿐, 우주 시공간 자체에는 적용되지 않습니다.

그렇다면 앞으로의 우주는 어떻게 될까요? 1998년 지구 전역의 관측 데이터를 모은 결과, 우주는 단순히 팽창하는 것이 아니라 그 팽창이 가속하고 있는 것으로 나타납니다. 중력의 반대 방향으로 작용하면서 우주의 팽창을 가속하는 에너지가 있는 것 같아요. 천문학자들은 이것을 암흑에너지라고 부르는데, 아직 정확한 정체와 메커니즘은 밝혀지지 않았습니다.

현재까지 우리가 파악하고 있는 우주의 가속 팽창은 앞으로도 이어질 것으로 보입니다. 그렇다면 먼 미래에 우주가 어떤 운명을 맞이할지는 예상할 수 있습니다. 가장 유력한 시나리오에 따르면, 우주는 시간이 지날수록 걷잡을 수 없는 수준으로 팽창하다가 결국 우주의 모든 물질과 에너지가 무한한 공간으로 흩어질 것입니다. 시간이 지나면서 우주는 더욱 차가워지고 텅 빈 암흑의 세계가 되겠죠. 천문학에서는 이러한 우주의 최후를 '열熱적인 죽음'이라고 부릅니다.

마침내 우주에서는 그 어떤 별도 은하도 보이지 않게 될 겁니다. 10의 100제곱 년에 달하는 어마어마한 시간이 지나고 나면 우주는 모든 것이 원자 단위로 해체되어서 완벽하게 흐트러진 세계가 될 것입니다.

Q3. 〈콘택트〉나 〈인터스텔라〉 같은 영화를 보면 특별한 공간으로 들어가 머나먼 우주로 빠르게 옮겨가거나 시간을 거슬러 이동하는 장면이 나옵니다. 최근에 이런 공간을 '웜홀'이라고 부른다는 사실을 알았는데요. 실제로 이와 관련된 정식 논문이나 이론적 근거가 있는 개념인지, 만약 그렇다면 웜홀이라는 천체의 구체적 특성은 무엇인지 무척 궁금합니다.

-friendly98

웜홀은 과학적으로 흥미롭긴 하지만 아직 논란이 되는 개념입니다. 우주여행이나 시간 여행을 다루는 SF 작품에서 빠르고 효율적으로 주인공을 이동시키기 위한 수단으로 종종 등장합니다. 그렇다고 SF에서만 다뤄지는 개념은 아닙니다. 오래전부터 많은 물리학자에 의해 다양한 이론으로 구체화되어왔지요.

1935년 아인슈타인과 그의 제자인 네이선 로젠Nathan Rosen은 논문을 통해 블랙홀에 대한 해석 중 하나로 웜홀을 제안했습니다. 시공간의 한 지점에서 다른 지점으로 가는 지름길의 가능성을 제기한 것이지요. 이론적으로 블랙홀은 질량에 상관없이 모든 질량이 한 점에 모여 붕괴한 것을 말합니다. 아인슈타인의 상대성 이론은 질량이 있으면 그만큼 주변 우주 시공간이 왜곡되어야 한다고 말합니다. 그런데 블랙홀은 부피가 거의 0에 달하는 아주 비좁은 영역에 모든 질량이 모여 있는 존재입니다. 따라서 시공간은 더 극단적으로 휘어지고 왜곡됩니다. 아인슈타인과 로젠은 이처럼 시공간을 왜곡한 블랙홀 두 개가 서로 연결되어 있다면, 그 사이에 시공간을 넘나들 수 있는 일종의 통로가 존재할 수 있다고 생각한 것이죠. 이것이 웜홀에 대한 초기 개념이라고 볼 수 있습니다. 웜홀을 더 학술적으로 표현하면 '아인슈타인-로젠 브리지Einstein-Rosen bridges'라고 합니다.

그렇다면 정말 영화에서처럼 웜홀을 타고 우주 공간을 넘나들고, 과거와 미래를 여행할 수 있을까요? 아쉽게도 현존하는 웜홀에 관한 이론에는 치명적인 문제가 있습니다. 아인슈타인-로젠 브리지 이론에 따라 정의되는 웜홀은 본질적으로 매우 불안정합니다. 이론적으로 생성될 수는 있지만, 1초도 채 지속되지 못하고 찰나의 순간에 사라져야 합니다. 또한 이러한 웜홀은 기본적으로 일방통행의 성질을 가집니다. 즉, 한쪽에서 다른 쪽으로 이동할 수는 있지만, 다시 원래 위치로 돌아오는 것은 불가능하다는 뜻입니다. 양방향으로 오갈 수 없습니다. 항상 입구와 출구가 정해져 있어서 자유로운 시공간

여행의 통로 역할을 하기는 어렵습니다.

조금 더 과격한 과학적 상상력을 가미해볼 수는 있습니다. 지금까지 우리가 알고 있는 우주의 모든 물질은 양의 질량을 갖고 있습니다. 그래서 모든 물질은 우주의 시공간을 움푹하게 왜곡합니다. 그런데 만약 음의 질량을 가질 수 있다면, 이번에는 시공간이 반대로 볼록하게 왜곡될 수 있습니다. 이러한 음의 질량이 존재하고 우리가 다룰 수만 있다면, 더 긴 시간 동안 사라지지 않고 유지되는 안정적인 웜홀을 상상할 수 있습니다. 양의 질량과 음의 질량을 갖는 물질을 모두 활용해야만 시공간의 곡률이 딱 일정한 상태로 굳어서 유지되게 할 수 있기 때문입니다.

일부 물리학자들은 원자만큼 작은 세상을 이야기하는 양자역학의 영역에서는 웜홀이 존재하고, 심지어 기능하고 있을 거라고 주장하기도 합니다. 특히 양자 얽힘quantum entanglement 현상과 웜홀 사이에 깊은 연관성이 있을 수 있다는 주장이 나오고 있습니다. 양자 수준에서 서로 얽혀 있는 입자들이 일종의 웜홀을 통해 정보를 공유하고 있다고 해석합니다. 하지만 이에 대해서는 아직 명확한 실험적 증거가 없고, 애초에 어떤 방식으로 증명할 수 있을지에 대한 방법론도 명확하지 않습니다.

결론적으로 이미 다양한 관측을 통해 그 존재가 입증된 블랙홀과 달리, 블랙홀에 대응되는 화이트홀이나 웜홀과 같은 존재는 관측을 통해 확인된 적이 없습니다. 만약 웜홀이 존재한다면 블랙홀과 비슷하게 어떤 방식으로든 주변 우주 시공간을 왜곡시키는 흔적을 남겼을 겁니다. 그렇다면 오늘날 왜곡된 시공간에서 관측되는 중력 렌즈와 같은 현상을 통해서 웜홀의 존재를 입증할 수 있을지도 모릅니다. 하지만 아직 웜홀은 확인되지 않았고, 설령 존재하더라도 이론적으로 허용되는 수명이 너무나 짧아서 지금의 관측 방식으로는 그 존재를 입증할 수 있다고 보기 어렵습니다.

Part 4

알면 알수록 더 궁금한 세상 만물

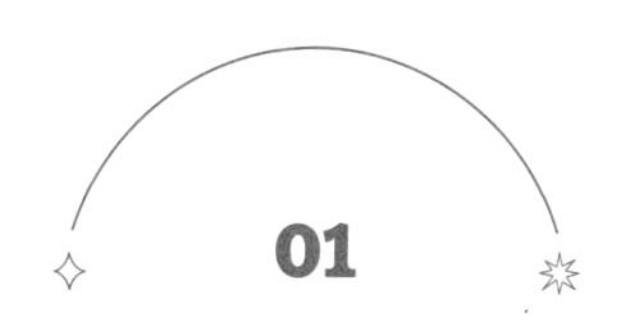

01

유리는 고체일까, 액체일까?

*

사실 물 같은 액체는 참 신기합니다. 익숙한 물질이라서 당연한 것처럼 살다가도 곰곰이 생각해보면 잘 이해되지 않는 성질을 보여주니까요. 고체와는 달리 형체가 마구 변하는데, 그렇다고 형체가 전혀 없는 것도 아닙니다. 0℃가 되면 갑자기 딱딱한 얼음으로 변하고 100℃가 되면 또 갑자기 기체가 되어 우리 눈에서 형체 없이 사라집니다. 쇳덩이가 녹는 과정처럼 서서히 변하는 것이 아니라 해당 온도에 이르는 순간 돌변하는 것이 놀라우면서도 '어떻게 이럴까?' 하는 궁금증이 생깁니다. 혹시 물 말고도 우리가 알지 못하는 신기한 액체가 또 있나요?

물리학에서는 고체, 액체, 기체와 같이 거시적인 크기의 물질이 보여주는 상태를 상相이라고 해요. 고체상에서 액체상으로, 또는 액체상에서 기체상으로 상이 변하는 것처럼 물질의 상태가 변하는 것을 '상전이相轉移, phase transition'라고 합

니다. 상전이에는 불연속 상전이와 연속 상전이, 두 가지가 있습니다. 불연속 상전이는 물질의 상이 급격히 변하는 현상입니다. 예를 들어 액체 상태의 물의 밀도와 기체 상태의 물의 밀도는 크게 다른데, 물이 액체에서 기체로 변하는 상전이의 경우에는 상전이가 일어날 때 물의 밀도가 불연속적으로 갑자기 크게 달라집니다. 즉, 액체인 물이 기체인 수증기가 되는 것은 우리가 사는 기압 환경에서는 불연속 상전이죠.

그렇다면 쇳덩이가 녹는 과정은 어떨까요? 불연속 상전이일까요, 연속 상전이일까요? 온도를 올리면 쇳덩이가 천천히 녹는 것처럼 보여도 철이 녹는 것도 불연속 상전입니다. 시간이 지나면서 변화가 천천히 일어나더라도 녹기 전과 녹은 다음의 쇳덩이의 밀도는 불연속적으로 변하기 때문입니다.

연속 상전이의 예도 있어요. 막대 자석은 자성을 가지고 있는데요. 높은 온도에서 막대 자석은 자성이 사라집니다. 막대 자석의 자성은 상전이가 일어날 때 연속적으로 변해서 자성의 값이 연속적으로 0을 향해 다가갑니다. 외부의 자기장이 없어도 스스로 자기장을 만들어내는 것을 강자성ferromagnetism이라고 하는데요. 막대 자석과 같은 강자성체가 자성을 잃어버리는 상전이는 연속 상전이입니다.

고체를 한마디로 정의하자면, 구성하는 분자들 사이의 상대적 위치가 변하지 않는 상태를 말합니다. 조금이라도 말랑말랑해졌

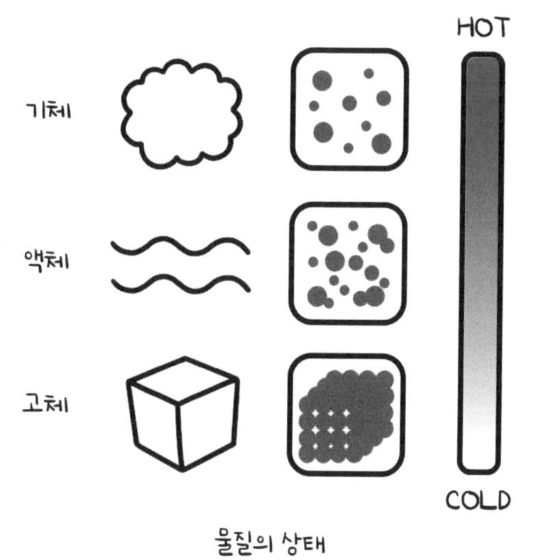

물질의 상태

플라스마
탈이온화
이온화
기체
기화
액화
액체
승화
응고
융해
고체

물질의 상태 변화

다면 분자들의 위치가 변할 수 있다는 것이어서, 아주 조금이라도 말랑말랑해졌다면 엄밀한 의미에서는 고체라고 할 수 없죠. 아주 조금 말랑말랑해져도 점성이 아주 큰 액체로 보는 것이 맞거든요.

대개 고체는 일정한 모양과 부피가 있으며 단단합니다. 반면 액체는 부피는 일정해도 형태가 변할 수 있어요. 얼음 조각은 컵에 넣어도 형태가 유지되지만 액체인 물은 어떤 모습의 물컵에 담는지에 따라 부피는 일정해도 형태가 달라지죠. 고체와 액체는 입자의 배열 상태가 서로 다르기 때문이에요. 고체는 물질을 구성하는 입자들이 공간적으로 반복된 패턴을 이룹니다. 이를 결정crystal 구조라고 하는데, 이렇게 규칙적인 배열을 이루면 입자들이 자유롭게 돌아다닐 수 없어서 압력을 가하더라도 모습이 변하지 않아 딱딱하다는 물리적 특성이 나타나죠. 반면에 액체는 다릅니다. 입자들의 위치가 딱 고정되어 있지 않아요. 이로 인해 압력이나 열에너지가 가해지면 입자들이 쉽게 밀려다니면서 형태가 자유롭게 변합니다.

사람들이 특히 놀라는 점은, 우리가 흔히 고체라고 생각하는 유리가 사실은 엄밀히 따지면 액체에 더 가깝다는 사실입니다. 유리를 구성하는 입자들은 일반적인 고체처럼 규칙적인 결정 구조를 이루지 않으며, 아주 느리게나마 위치가 변할 수 있어서 액체라고 할 수 있지만, 우리가 관찰할 수 있는 시간 안에는 형태

가 변하지 않아서 고체와도 유사한 특성이 있습니다. 이러한 독특한 성질 때문에 유리는 우리 주변에서 흔히 볼 수 있는 물질임에도 불구하고 많은 물리학자들의 관심을 끄는 연구 대상이기도 합니다. 1977년 노벨 물리학상을 받은 이론물리학자 필립 앤더슨Philip W. Anderson은 "고체 이론에서 가장 깊고 흥미로운 미해결 문제는 유리의 성질과 전이에 대한 이론"이라고 말하기도 했습니다. 2021년 노벨 물리학상이 일종의 유리에 대한 이론을 연구한 조르조 파리시에게 수여되기도 했어요.

고체와 액체의 엄격한 정의에 따르면 유리를 구성하는 입자들은 액체와 같이 무질서하게 여기저기에 놓여 있어서 물처럼 형태가 쉽게 변해야 합니다. 하지만 다들 알다시피 우리가 살아가는 상온에서 유리는 오히려 딱딱한 질감을 가지고 있잖아요. 그래서 유리를 특별히 '비결정질 고체'로 분류합니다. 인터넷에 검색해보면 다양한 유리 제품을 만드는 과정을 담은 동영상을 쉽게 찾아볼 수 있습니다. 그 과정을 보면, 유리는 충분한 열을 가하면 점성이 낮아져 흐르는 액체 상태가 됩니다. 이 상태에서 유리를 특정 형태의 틀에 붓거나 입으로 불어서 모양새를 만든 다음 차갑게 식혀 굳힙니다. 이때 입자들의 배열은 변하지 않지만 이동 속도가 급속도로 느려지면서 점도만 1조 배가량 증가합니다. 이처럼 유리는 높은 온도에서는 어느 정도의 점성을 가진 액체처럼 행동하지만 온도가 낮아져서 상온이 되면 마치 딱딱한 고체와 같은 성질을 보입니다.

아주 점성이 큰 특정 물질에 대한 역사상 가장 긴 시간 동안 진행되고 있는 유명한 실험이 있습니다. 1927년 호주의 퀸즐랜드 대학교에서 시작됐는데요. 대상 물질은 고속도로 아스팔트를 깔 때도 쓰이는 바로 타르tar입니다. 우리 눈에는 형태가 있고 심지어 망치로 빠르게 두드리면 부서지기까지 해서 고체로 보이지만 실제로 타르는 액체라서 아주 천천히 방울져 떨어집니다. 1927년 깔때기에 타르를 부어서 굳힌 다음 1930년 10월 깔때기 끝을 열었는데, 2014년까지 그러니까 87년 동안 9번 방울이 떨어졌다고 합니다. 거의 10년에 한 방울씩인 거죠. 재밌는 건 이 깔때기가 놓인 실험실을 지금도 인터넷으로 생중계하고 있다는 사실입니다(http://thetenthwatch.com). 당장이라도 사이트에 들어가보면 열 번째 방울이 맺혀 있는 걸 직접 확인할 수 있죠. 우스

갯소리지만 명상할 때 '이게 언제 떨어질까…' 하며 지켜보면 안성맞춤일 겁니다. 바라보고 있는 도중에 열 번째 방울이 떨어진다면 정말 놀라운 경험을 할 수 있겠죠.

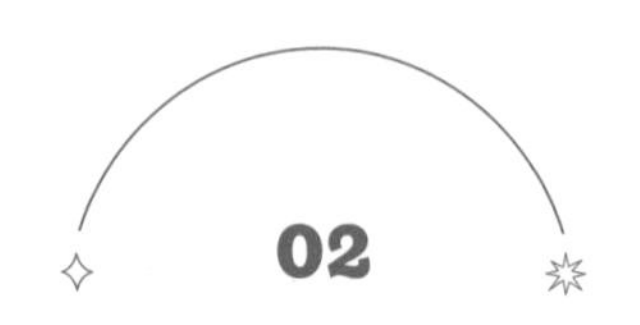

에너지가 물질이 될 수 있을까?

*

물리학자들은 에너지와 물질이 같다고 설명하는데, 일단 어떤 물질이 에너지로 변할 수 있다는 건 직관적으로 이해할 수도 있을 것 같습니다. 맞는 예시인지 모르겠지만 우리는 추울 때 장작을 태워 열에너지를 얻을 수 있으니까요. 하지만 에너지가 물질이 된다는 건 이해하기도 쉽지 않고, 일상에서 그런 사례를 찾아볼 수도 없는 것 같습니다. 마치 조물주가 우주의 기운을 모아 천지를 창조했다는 것처럼 황당하게 들리는데요. 정말 에너지가 물질이 될 수 있는 건가요?

사실 현실에서 에너지와 물질이 서로 같은 것이라고 이해하기는 쉽지 않습니다. 물질은 우리가 만지고 볼 수 있는 것들이지만 에너지는 빛, 열, 전기처럼 눈에 보이지 않으면서 그저 그 작용만 느낄 수 있으니까요. 물질이 무엇인지 정확히 정의하는 것은 쉽지 않지만 일반적으로 물질이라 하면 바

로 질량이 0이 아니라는 특성이 있어요. 에너지가 물질이 될 수 있는지에 대한 질문은 에너지가 질량으로 변환될 수 있는지에 대한 질문인 셈이죠. 물리학자들은 에너지와 질량을 명확히 구별하지 않습니다. 그냥 다 에너지라고 부르죠. 실제 물리학은 이 둘이 서로 깊은 관계를 이루며, 에너지가 물질로 변할 수 있다는 놀라운 사실을 알려줍니다. 이 질문의 핵심에는 아인슈타인의 유명한 공식인 $E = mc^2$이 자리 잡고 있죠. 아인슈타인의 이 공식은 단순한 수학식처럼 보이지만, 그 의미는 가히 혁명적입니다. 이 식은 에너지E와 질량m이 광속c의 제곱이라는 어마어마한 비율로 연결되어 있음을 나타냅니다. 쉽게 말해, 질량은 엄청난 에너지를 담고 있으며, 반대로 에너지는 질량으로 변환될 수 있어서 질량과 에너지가 같은 존재의 두 가지 다른 모습일 뿐이라는 겁니다. 예를 들어, 핵폭발에서 방출되는 어마어마한 에너

지는 원자핵 속의 아주 작은 질량이 에너지로 바뀐 결과입니다.

일상에서 에너지가 물질로 변하는 현상을 관찰하기는 어렵습니다. 하지만 우주나 실험실에서는 실제로 일어납니다. 한 가지 대표적인 사례가 입자 충돌 실험입니다. 거대입자가속기LHC 같은 장치에서는 질량이 작은 두 입자를 아주 큰 에너지를 갖도록 가속한 다음 충돌시킵니다. 충돌 과정에서 처음 두 입자보다 질량이 큰 입자가 얼마든지 만들어질 수 있습니다. 바로 에너지가 입자로 변한 것이죠. 다른 예도 있습니다. 두 개의 고에너지 광자가 충돌하면, 전자와 양전자라는 물질 입자가 생성될 수 있습니다. 이 현상을 '쌍생성pair production'이라고 합니다.

또 다른 사례는 우주의 초기 상태입니다. 빅뱅 이론에 따르면, 우주는 처음에 고도로 압축된 상태의 순수한 에너지로 시작했습니다. 시간이 지나면서 이 에너지가 물질로 변하기 시작했고, 결국 우리가 아는 별, 행성, 그리고 생명체까지 만들어졌습니다. 그러니까 우리가 사는 세상, 그 자체가 에너지가 물질로 변한 결과라고 할 수 있죠. 아인슈타인의 특수 상대성 이론은 어떤 물체도 빛보다 빠른 속도를 가질 수 없다는 것을 명확히 알려줍니다. 외부에서 에너지를 구해서 점점 속도가 빨라지는 물체를 생각해보세요. 이 물체의 속도가 점점 빛의 속도에 가까워지면 외부에서 에너지가 추가로 유입되더라도 물체의 속도가 거의 변하지 않겠죠. 그렇다면 외부에서 주입한 에너지는 어디로 간 것일까요?

밖에서 큰 힘으로 밀었는데 물체의 속도가 그리 변하지 않았다면 물체의 관성이 커진 것이겠죠? 그리고 관성의 크기가 바로 질량입니다. 밖에서 물체에 에너지를 전달하면 처음에는 이 에너지가 물체의 속도를 늘리는 데 이용되다가 빛의 속도에 가까울 정도로 물체의 속도가 빨라지면 이제 속도를 늘리는 것이 아니라 물체의 관성, 즉 질량을 늘리게 되는 것입니다. 이처럼 에너지는 얼마든지 질량으로 변환될 수 있어요. 우리가 쉽게 이런 현상을 찾아보기 어려운 이유는 우리가 살아가는 세상에서 대부분의 물체는 빛의 속도보다 아주 느리게 움직이기 때문일 뿐입니다. 만약 빛의 속도가 사람이 달리는 속도와 비슷하다면, 걷다가 달리면 몸의 질량이 늘어나는 것을 명확히 볼 수 있을 겁니다.

에너지가 물질로 변할 수 있다면, 당연히 물질도 에너지로 변할 수 있습니다. 이는 우리가 더 익숙하게 볼 수 있는 현상입니다. 태양이 빛과 열을 방출하는 이유는 수소 원자가 헬륨으로 융합하면서 일부 질량이 에너지로 변하기 때문이니까요. 이 핵융합 반응 덕분에 태양은 45억 년 동안 끊임없이 빛을 발하며 지구에 생명력을 불어넣고 있습니다. 지구에서 비슷한 원리로 작동하는 것이 원자력 발전입니다. 우라늄과 같은 원소가 분열하면서 아주 작은 질량이 엄청난 양의 에너지로 바뀌게 되죠. 이 에너지가 전기를 만드는 데 사용됩니다. $E = mc^2$ 방정식은 물질과 에너지의 변환이 얼마나 효율적인지를 보여주는 동시에, 그

가능성의 무한함을 시사하죠.

하지만 사회자의 질문처럼 나무를 태우는 것은 언뜻 물질이 직접 에너지로 변하는 것처럼 보이지만, 사실은 화학반응을 통해 에너지가 방출되는 과정입니다. 즉, 태우는 동안 물질이 소멸하여 에너지로 바뀌는 것이라기보다는, 한 물질이 다른 물질로 변하면서 화학 결합의 에너지가 열과 빛으로 방출되는 것입니다. 오히려 더 흥미로운 부분은 나무를 태울 때 방출되는 에너지가 어디에서 왔느냐 하는 것입니다. 사실 나무는 광합성을 통해 태양 빛의 에너지를 받아 저장합니다. 나무의 구성 성분인 셀룰로스는 이산화탄소와 물이 광합성을 통해 결합해 만들어진 결과물이죠. 이 과정에서 태양의 에너지가 화학적인 형태의 에너지로 저장된 것이니까 나무를 태울 때 방출되는 열과 빛은 결국 오래전에 태양에서 온 에너지가 다시 해방되는 것이라고 볼 수 있습니다.

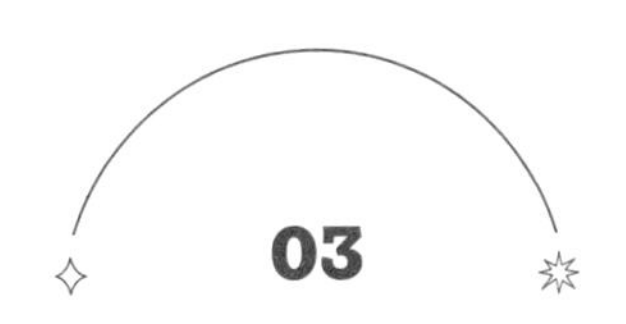

03

전자는 정말 원자핵 주변을 돌고 있을까?

*

원자의 구조를 설명할 때 마치 태양계에서 태양을 중심으로 행성들이 공전하듯이, 원자핵 주변을 전자들이 도는 그림을 보여줍니다. 그래서 궁금한 점이 많은데요. 전자가 도는 궤도는 정확하게 원형일까요, 아니면 지구의 공전 궤도처럼 타원형일까요? 한 바퀴 도는 데 걸리는 시간, 그러니까 주기는 얼마나 될까요? 만약 전자가 갑자기 멈추면 어떻게 될까요? 아니 무엇보다 우리가 흔히 떠올리는 그림처럼 전자가 돌고 있는 건 맞나요?

정확히 이야기하면 전자가 원자핵 주변을 돌고 있는 건 아닙니다. 다만 원자의 구조를 시각적으로 설명하는 데 유용한 측면이 많아서 그렇게 표현하는 것일 뿐이죠. 현대 과학으로 지금까지 밝혀낸 전자의 운동은 그렇게 단순하게 설명하기에는 훨씬 더 복잡하고 신비롭습니다. 쉽진 않겠지만 이를 이해하기 위해서는, 사물의 움직임에 관해 우리가 알고 있는 고전

역학적 지식에서 벗어나 양자역학의 세계로 들어가야 합니다.

덴마크의 이론물리학자 닐스 보어Niels Bohr는 1913년에 「원자와 분자의 구조에 대하여」라는 논문에서 양전하를 띤 원자핵 주위를 전자들이 원형 궤도를 그리며 돌고 있는 원자 모형을 제시했습니다. 보어 이전의 물리학자들은 이처럼 전자가 원 궤도를 따라 원자핵 주변을 공전하면 전자는 전자기파를 방출하면서 에너지가 점점 줄어들다가 결국 원자핵에 충돌하면서 사라질 것으로 생각했죠. 하지만 보어는 딱 정해진 궤도로 공전하는 전자는 전자기파를 방출하지 않는다는 과감한 주장을 했어요. 전자가 한 궤도에서 다른 궤도로 옮겨가면 그때만 전자기파가 방출된다고 주장했죠. 보어의 과감한 원자 모형은 실험을 통해 잘 알려져 있던 수소 원자에서 방출되는 전자기파의 특성을 아주 잘 설명했기 때문에 물리학계에서 큰 주목을 받았죠. 하지만 수소가 아닌 다른 원소들이 방출하는 전자기파의 스펙트럼을 설명하는 데에는 한계가 있었고, 전자가 한 궤도에 머물 때에는 전자기파를 방출하지 않는 이유도 제대로 설명하지는 못했어요. 이런 문제를 해결하는 과정에서 지금 현대의 물리학자가 알고 있는 양자역학이 탄생하게 됩니다.

양자역학은 전자의 움직임을 새로운 방식으로 설명합니다. '돌고 있다'라는 표현을 사용하는 것이 아니라 '어디에 있을 가능성이 큰지'에 대한 확률을 사용해 설명하죠. 전자가 특정 궤도를 따라 움직이는 것이 아니라, 원자핵 주변의 이곳저곳에 '분포해 있을' 거라고 표현합니다. 이를 설명하는 것이 전자구름 모형입니다. 우리가 하늘에서 보는 구름은 수많은 작은 물방울로 이루어져 있습니다. 하지만 양자역학에서 말하는 '전자구름'은 한 개의 전자가 마치 작은 물방울처럼 무수히 많은 조각으로 나뉘어 원자핵 주변에 퍼져 있다는 뜻이 아닙니다. 대신, 전자는 특정한 위치에 고정된 입자가 아니라 확률적으로 공간을 점유하는 양자적 존재로 이해해야 합니다. 즉, 전자구름은 전자가 이곳저곳에 있을 확률이 구름처럼 넓게 펼쳐져 있다는 의미입니다. 특정 위치에서 전자가 발견될 확률이 높다면 전자구름이 짙게 그려지고, 확률이 낮다면 희미하게 그려지죠. 만약 전자의 위치를 실험에서 측정하면 전자구름이 짙은 곳에서 전자가 관찰될 확률이 높죠. 실제 전자는 마치 여러 위치에 동시에 존재하는 것처럼 행동합니다. 결론적으로 전자는 궤도의 반경이 딱 정해진 원 궤

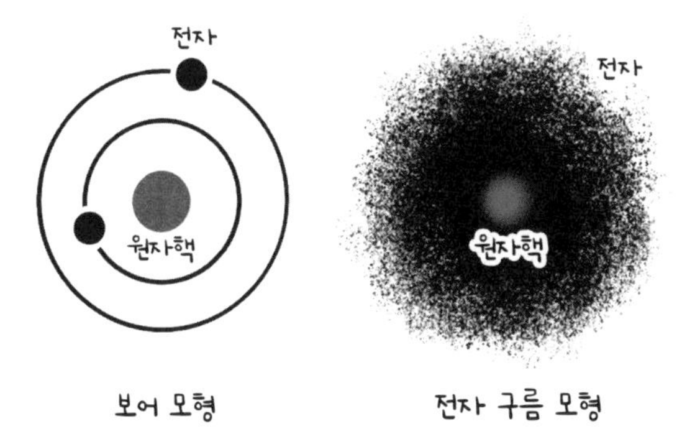

도를 따라 빙글빙글 돌고 있다고 할 수 없어요.

고전역학으로는 이해할 수 없는 신비로운 전자의 성질은 이론적으로 예측되었을 뿐 아니라 다양한 실험을 통해서도 확인되었습니다. 대표적인 사례가 이중 슬릿 실험입니다. 이 실험에서는 전자가 입자처럼 행동하면서도 동시에 파동처럼 간섭무늬를 만들어냅니다. 이것이 바로 양자역학의 기본 개념 중 하나인 입자와 파동의 이중성입니다. 또한 딱 한 번의 실험에서 전자가 어디에 있을지를 정확히 예측할 수는 없지만, 많은 전자를 조사하면 당연히 발견될 확률이 높은 곳에서 전자가 더 많이 관찰된다는 것도 밝혀졌습니다. 이런 실험들은 전자가 단순히 고전적인 입자, 즉 특정 알갱이가 아니라는 사실을 명확히 보여주죠.

각 원소의 독특한 화학적 성질과 주기율표의 구조도 전자가 따르는 양자역학으로 설명됩니다. 원소가 서로 결합하고, 전자를 주고받으며 화합물을 형성할 수 있는 이유는 한 원자의 전자가 주변 원자의 전자와 결합해서 안정된 상태를 유지하려 하기 때문인데요. 다르게 표현하면 전자는 원자핵 주변을 '도는' 것이 아니라, 특정한 양자 상태에 머무르면서 물질의 모든 성질을 결정하는 역할을 하는 거죠.

전자가 사실은 복잡한 확률의 세계에 존재한다는 것은 우리 일상의 감각을 뛰어넘습니다. 전자는 우리 눈에 보이지 않지만, 모든 물질의 근본을 이루며 세상을 구성합니다. 양자역학이 보여주는 전자의 신비는 우리가 자연을 이해하는 방식을 얼마나 발전시켜야 하는지를 알려줍니다. 원자는 단순히 물질의 최소 단위가 아니라, 우주가 작동하는 방식을 이해하기 위한 창이기 때문이죠. 다음에 원자의 구조를 상상할 때는 전자가 단순히 원자핵 주변을 돈다고만 생각하지 말고, 그들이 확률로 나타나는 신비한 '전자구름'을 떠올려보면 어떨까요.

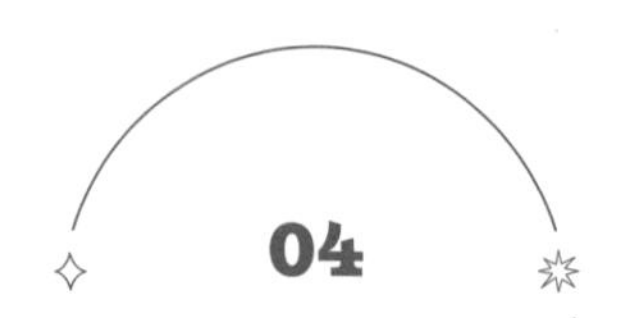

우리는 과연 움직인다고 할 수 있을까?

*

우리가 사는 지구뿐만 아니라 우주의 모든 천체가 움직이고 있다는 사실을 알고 나니 멈춰 있는 것과 움직이는 것을 구분할 수 있는가 하는 의문이 불현듯 생깁니다. 고속도로에서 내 차와 같은 속도로 옆에서 주행하는 차는 움직이지 않는 것처럼 보이잖아요. 건널목에 멈춰 서 있는 사람은 뒤로 빠르게 움직이는 것 같고요. 지구는 우리 은하 중심을 공전하는 태양에 끌려가면서 태양 주위를 공전하며 자전도 하는데, 우리 눈에는 지구가 정지해 있고 태양이 떠오르는 것처럼 보이고요. 심지어 우리 은하조차도 더 거대한 중력에 이끌려 움직이고 있고요. 우주에는 중심마저 없다는데, 과연 움직임이란 어떻게 정의할 수 있을까요?

과학의 토대를 이해할 수 있는 훌륭한 질문이네요. 근대 과학의 가장 위대한 이론이라는 상대성 원리도 그런 의문에서 출발했다고 볼 수 있죠. 물리학에서는 움직임에 관

한 문제를 이해하기 위해 항상 관찰자의 좌표계를 상정합니다. 관찰자의 좌표계를 기준 삼아 물체의 움직임을 기술하겠다고 하는 게 물리학의 첫 번째 약속인 거죠. 사회자의 질문처럼 우주의 모든 천체는 상대적으로 움직이고 있어서, 천문학에서도 지구의 움직임을 기술하기 위한 지구 좌표계가 있고, 그 외에도 태양이나 특정 은하를 중심으로 기준을 설정하는 등의 다양한 좌표계가 존재합니다.

물리학에는 두 가지 좌표계가 있습니다. 관성 좌표계와 비관성 좌표계인데요. 관성 좌표계는 관측자가 있는 좌표계가 가속 운동을 하지 않는, 즉 등속도 운동을 하는 좌표계입니다. 비관성 좌표계는 좌표계 자체가 가속 운동을 하는 좌표계입니다. 먼저 관성력의 의미를 이해해야 하는데요. 예를 들어 상대적으로 움직이는 두 관찰자가 있고 각각의 관찰자가 등속도로 움직인다면 누가 움직이고 누가 멈춰 있다고 말할 수 없습니다. 그런데 좌표계 자체가 가속하고 있다면 다른 관찰자를 보지 않아도 내가 움직인다는 것을 알아낼 수 있습니다. 이를 관성력이라고 부릅니다.

사실 물리학을 학생들에게 가르치다 보면 자주 접하게 되는 오해의 포인트가 있습니다. 뉴턴의 제1법칙인 관성의 법칙을 어떻게 이해하는 것이 올바를까요? 바로 힘이 없다면 모든 물체는 직선을 따라서 똑같은 속도로 움직인다는 것입니다. 등속等速이라는 건 가속도가 0이라는 의미죠. 다시 말해 '힘이 없으면 가

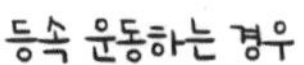

가속 운동하는 경우

속도는 0이다'라는 것이 뉴턴의 제1법칙입니다. 그리고 제2법칙이 가속도의 법칙인데, 수식으로 설명하면 'F = ma'입니다. F는 힘이고 m은 질량, a는 가속도이죠. 만약 F에 0을 대입하면 질량은 바뀌지 않을 테니 a, 즉 가속도가 0입니다. 이는 힘이 없다면 가속도 또한 없다는 의미이고, 가속도가 0이라면 물체는 주어진 일정한 속도로 움직인다는 거죠. 그렇다면 뉴턴의 제2법칙이 이미 제1법칙을 포함하고 있는 것일까요?

여기서 의문이 생깁니다. 그렇다면 뉴턴의 제1법칙은 왜 별도로 정해놓은 걸까요? 그 이유가 바로 제1법칙이 관성 좌표계를 정의하는 법칙이기 때문입니다. 힘이 없을 때 가속도가 0인 좌표계를 상정하고, 그 좌표계에서 제2법칙을 설명하는 거죠. 너무 어려워지는 것 같지만 당연한 이야기인 게, 만약 테이블 위에 컵을 두고 관찰자가 점점 속도를 올리면서 다가간다면 관찰자의 눈에는 자신은 정지해 있고 컵이 가속도를 가지고 다가오는 것으로 관찰될 겁니다. 그러면 컵에 작용하는 힘이 0인데도 가속도가 존재하게 됩니다. 마치 제1법칙에 어긋나는 것 같은 상황이 발생하죠. 뉴턴의 제1법칙은 관찰자의 운동에 대한 일종의 제약조건입니다. 가속하면서 보지 말라고 전제하는 겁니다.

실제로 강의 시간에 학생들에게 뉴턴의 제1법칙과 제2법칙을 알려준 다음에 "제2법칙에서 F가 0이면 a가 0이고, a가 0이라는 것은 등속 직선 운동을 한다는 뜻인데, 왜 제1법칙을 추가한 것일까요?"라고 질문하면 답하지 못하는 학생들이 꽤 많습니다. 다시 정리하자면 뉴턴의 제1법칙은 관성 좌표계의 정의입니다. 물체에 작용하는 힘이 없을 때 물체가 일정한 속도로 움직이는 것으로 보는 관성 좌표계의 관찰자를 약속하는 것이 제1법칙이고, 제2법칙은 제1법칙이 성립하는 관성 좌표계에서 물체의 운동을 기술하는 것이죠.

그렇더라도 여전히 더욱 근원적인 질문을 던질 수 있습니다. 뉴턴의 역학이 움직임을 관성 좌표계라는 기준을 사용하여 기술한다고 하지만, 사실 그런 좌표계조차도 인위적으로 설정한 것이 아니냐 하는 문제 제기죠. 지구는 자전도, 공전도 하니까 사실 관성 좌표계가 아니고, 태양도 우리 은하를 공전하니 태양도 관성 좌표계가 아닙니다. 사실 엄밀한 의미에서는 우주의 어떤 천체도 관성 좌표계가 될 수 없어요. 하지만 이 큰 우주 안에서 우리가 살아가고 관찰하는 세계의 범위에서는, 즉 거리와 시간의 스케일이 아주 작을 때는 관성 좌표계를 가정하여 매우 정확하게 물체의 움직임에 관한 과학적 계산을 해낼 수 있는 것도 사실입니다. 예를 들어 지구가 빠른 속도로 자전하고 있지만, 그리 높지 않은 높이에서 낙하하는 물체의 경우에는 땅에 서 있는 관찰자의 좌표계를 관성 좌표계로 어림해도 물체의 움직임을 뉴턴의 역학으로 쉽게 이해할 수 있습니다. 태양은 엄밀한 관성 좌표계는 아니지만 태양 주위를 도는 행성의 운동을 이해할 때에는 태양이 마치 우주에서 딱 한 위치에 정지해 있는 것 같은 관성 좌표계를 이용해도 얼마든지 정확하게 행성의 궤도를 이해할 수 있습니다.

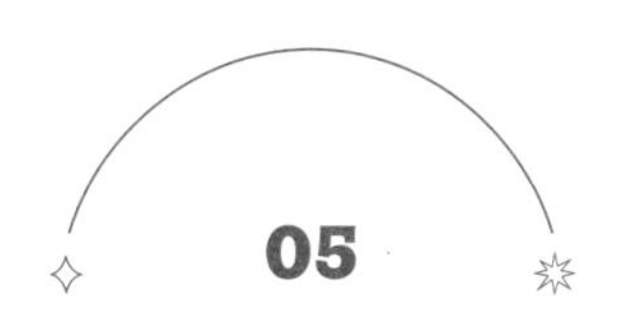

10m를 넘는 나무가 물리학적으로 신기한 이유?

*

미국 캘리포니아 레드우드 국립공원에는 높이가 무려 116m에 달하는 '히페리온Hyperion'이라는 나무가 있다고 하는데요. 세계에서 가장 키가 큰 나무로 기네스북에도 등재되었다고 합니다. 이런 까마득한 높이의 나무 우듬지에서도 땅속으로부터 끌어 올린 물과 양분으로 나뭇잎이 돋아나고 할 텐데요. 도대체 어떤 원리로 그렇게 높은 곳까지 물을 끌어 올릴 수 있는지 궁금하네요.

정말 신기한 일이긴 합니다. 아마도 높은 가지의 이파리에서 증산작용•이 일어나면서 물을 끌어 올리지 않나 짐작해볼 수 있는데요. 그렇다 해도 물리학적으로 지구의 중

• 잎의 뒷면에 있는 기공을 통해 물이 기체 상태로 식물체 밖으로 빠져나가는 작용을 말한다.

력장 안에서는 10m 이상 높이로 물을 빨아올리는 것이 불가능하거든요.

그 이유를 이해하려면 빨대의 원리부터 알아야 합니다. 대개 빨대로 음료수를 빨아올릴 수 있는 것은 빠는 힘의 강도에 달려 있다고 생각해서, 만약 헐크 같은 강력한 힘을 지닌 존재라면 수십 미터 길이의 빨대라 하더라도 물을 빨아올릴 수 있을 거로 생각하기 쉽지만 절대 그렇지 않습니다.

30층짜리 빌딩 높이의 나무, 히페리온

사실 빨대를 입에 대고 음료수를 빨아올릴 때 일어나는 일은, 음료수에 담겨 있는 빨대의 아랫부분과 입안에 들어 있는 빨대의 윗부분 사이에 압력의 차이를 만들어내는 것입니다. 빨대 아래쪽의 압력은 대기의 압력과 같은 1기압이지만, 만약 입안의 압력을 충분히 1기압보다 작게 하면 둘 사이에 압력 차가 생겨서 음료수가 아래에서 위로 밀려 올라오거든요. 최대한의 힘으로 빨아서 입안을 완전히 진공으로 만든다고 해도, 빨대의 위 아래의 압력 차는 지구의 대기압인 1기압이 최대치입니다. 그리고 1기압의 압력 차이로 물을 끌어 올릴 수 있는 높이의 한계가 바로 10m입니다. 엄청나게 힘이 좋은 천하장사가 나타나 100m 길이의 빨대를 강력하게 빨아서 입안을 완벽한 진공으로 만든다고 해도 물은 1기압의 압력 차이에 해당하는 10m 높이까지만 위로 올라오게 됩니다. 실제 현실에서도 진공펌프로 물을 끌어 올릴 때 10m 이상 높이로는 올라오지 않습니다.

하지만 도심에는 높은 고층 빌딩이 많잖아요. 그러면 이런 곳은 물을 어떻게 끌어 올려서 사용할까요? 위쪽의 압력을 줄여서 물을 빨아올리는 데에는 10m라는 한계가 있지만, 아래쪽 압력을 키워서 물을 밀어 올리는 데에는 한계가 없습니다. 쉽게 말해, 아래에서 물을 밀어 올리기 때문에 이 방식은 그만큼 효율적으로 작동할 수 있죠. 예를 들어 아래에서 100기압의 압력으로 누른다면 물은 상당히 높은 건물의 꼭대기까지도 올라갈 수 있겠죠. 고층 빌딩의 옥상에 커다란 물탱크를 만들고는 아래에서 높은 압력으로 물을 밀어 올려서 물탱크를 채울 수 있습니다. 그리고는 건물의 각 층을 수도관으로 물탱크에 연결하고 수도 밸브를 설치하면, 상당히 높은 빌딩의 어느 층에서라도 얼마든지 수돗물을 사용할 수 있습니다.

만약 식물이 10m를 훌쩍 넘는 높이까지 물을 끌어 올릴 수 있는 이유가 고층 빌딩처럼 아래에서 누르는 거라면 뿌리에 가까운 밑동 쪽은 압력이 높아야 하고 위쪽은 압력이 낮아야 합니다. 이처럼 정말 아래쪽의 압력이 높다면 나무의 밑동을 자르면 물이 분수처럼 콸콸 솟구쳐야 할 텐데, 실제로는 그런 현상을 관찰할 수 없습니다. 그러니까 압력의 차이를 이용해서 100m 높이의 나무가 물을 끌어 올린다는 가설은 성립하지 않는 것입니다. 다음으로 가설을 세워보면 모세관 현상을 이용하는 것은 아닐까 하는 생각을 해볼 수도 있습니다. 모세관 현상은 모세관, 즉 아주 가느다란 관을 물속에 넣었을 때 물의 표면 장력과 액체와 고체 사이의 흡착력에 의해 기압 같은 외부의 도움 없이 물이 바깥 수면의 높이보다 높거나 낮아지는 현상입니다. 그런데 문제는 모세관 현상으로 물이 올라갈 수 있는 높이 역시 기껏해야 5m, 10m 수준이거든요. 그러니까 이 가설도 기각되는 거죠.

도대체 나무는 어떻게 10m를 훌쩍 넘는 우듬지까지 물과 양분을 끌어 올릴까요? 압력 차도 아니고 모세관 현상도 아니라면 또 다른 가설을 생각해볼 수 있습니다. 일단 처음부터 물이 흐르는 아주 가느다란 관 전체가 빈틈없이 물로 가득 차 있어야 합

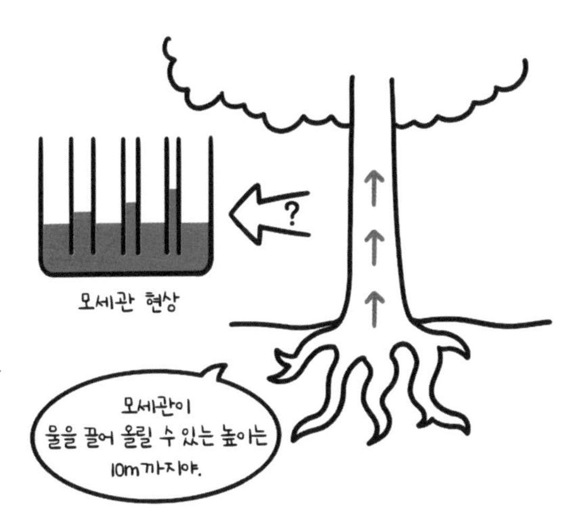

니다. 그런 다음 높은 가지의 이파리에서 물이 증발하면 바로 그 자리로 밑에 있는 물이 올라오는 거죠. 그러면 다시 그 밑의 물이 응집력으로 인해 올라오고, 다시 올라오고 하면서 10m가 넘는 높이까지 끌어 올려지는 거죠. 그렇지만 중요한 전제는 물 분자들이 끊이지 않고 서로 응집력을 발휘할 수 있도록 빈틈이 있어서는 안 된다는 거죠.

그렇다면 도대체 어떻게 10m, 100m가 넘는 빈틈없는 물관이 만들어질 수 있었을까요? 키가 큰 모든 나무 역시 처음에는 아주 작았을 테니, 그때 형성된 물관이 아마도 수십 년, 수백 년 동안 단 한 번의 빈틈 없이 그렇게 높은 높이까지 성장했다고 추론할 수밖에 없는데요. 물로 꽉 찬 몇십 센티미터 정도의 물관을 가진 식물이 키가 크면서 물관 역시 조금씩 위로 성장하는 것이죠. 정말 자연의 신비는 저 같은 물리학자까지 입을 떡 벌리게 할 정도로 놀라울 뿐입니다.

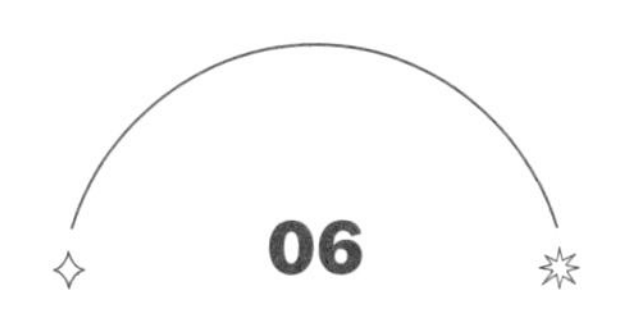

06

반사율 100% 거울 방에 반딧불이를 가두면?

✳

빛은 1초에 대략 30만 ㎞를 간다고 하잖아요. 정말 생명체로서는 엄두를 내기 힘든 속도인데요. 반딧불이는 꽁무니로 그런 엄청난 속도를 가진 빛을 만들어내잖아요. 어떻게 가능한 걸까요? 만약 빛을 발하는 반딧불이 한 마리를 반사율 100% 거울로 만들어진 정육면체 방 안에 가두면, 작은 생명체가 만들어낸 빛이더라도 영원히 사라지지 않는 걸까요?

이 질문에서 먼저 바로잡아야 할 오해가 있습니다. 빛을 내뿜는 것이 반딧불이 같은 특별한 생명체에만 해당한다는 생각이죠. 사실 인간도 빛을 내뿜고 있습니다. 가시광선이냐 아니냐의 차이일 뿐, 적외선 카메라로 보면 인간도 선명하게 발광하고 있습니다. 인간뿐만 아니라 체온이 있는 모든 동물은 발광 생명체입니다. 잘생긴 사람 보고 얼굴에서 빛이 난다고 으레 표현하잖아요, 실제로 모든 사람의 얼굴에서 빛이 나고

있는 거죠.

반딧불이는 개똥벌레라고도 부르는데요. 이 곤충이 꽁무니로 가시광선을 발할 수 있는 이유는 아랫배에서 분비되는 '루시페린luciferin'이라는 단백질 덕분입니다. 이 단백질이 루시페라아제라는 효소의 도움을 받아 산소와 반응을 일으켜 옥시루시페린이라는 높은 에너지 상태의 물질로 바뀌고, 다시 낮은 에너지 상태로 변환되면서 둘 사이의 에너지 차이가 빛으로 방출되는 것이죠.

물리학적 관점에서 살펴보면, 아인슈타인의 상대성 이론에 따라 질량이 0인 입자는 항상 빛의 속도를 갖게 됩니다. 빛보다 느릴 수도 없고, 빠를 수도 없습니다. 특수 상대성 이론 공식으로 아주 간단하게 계산해낼 수도 있죠. 빛알(광자)이 바로 이런 입자입니다. 반딧불이가 어떤 특별한 능력으로 1초에 30만 ㎞를 가는 빛을 만들어낸 것이 아니라 에너지가 빛으로 방출되는 순간 자연의 법칙에 따라 당연히 그런 속도를 보일 수밖에 없는 거죠. 물론 방향이야 밤에 라이트를 비추듯이 여기저기로 조절할 수 있겠지만, 어떤 빛이든 속도는 무조건 동일합니다.

사회자의 질문처럼 만약 반사율이 정확하게 100%인 거울로 둘러싸인 상상의 방 안에서 반딧불이가 찰나의 순간 빛을 내보낸다면, 그 빛은 어떻게 될까요? 질문에 이미 답이 들어 있듯이 그 빛은 영원히 사라지지 않고 계속해서 반사되겠죠. 더 쉽게 이해하면, 부딪쳐 오는 탁구공을 정확히 같은 속력으로 다시 튕겨내는 벽으로 이루어진 정육면체의 방이라면 그 탁구공이 멈출 이유가 없겠죠. 생각해보니 빛을 발한 반딧불이 자체도 그 빛을 흡수하지 않는다는 가정이 추가되어야 하겠네요. 어쨌든 현실에서는 반사율이 정확히 1인 거울을 만들 수가 없습니다. 만약 반사율이 99.999…%로 100%에 가깝다고 하더라도 빛이 거울에 한 번 부딪힐 때마다 그만큼 빛이 감소할 테고, 또 빛의 속도를 고려한다면 그 줄어드는 속도는 지수함수적으로 빠를 겁니다.

만약 반딧불이가 흡수하는 빛은 무시하고, 방출하는 에너지에 아무런 제한이 없어 계속해서 빛을 영원히 방출할 수 있다고 가정하며, 상자의 모든 내벽이 1의 반사율을 가진다면, 어떤 일이 발생할까요? 이런 극단적인 상황을 가정한 사고실험에서는 완전히 밀폐된 정육면체 안에서 그 빛은 계속해서 반사될 것입니다. 반딧불이가 계속 광자를 방출하므로 시간이 지나면서 방 안에 있는 전체 광자의 수는 끊임없이 늘어나고 따라서 빛이 가진 전체 에너지도 계속 늘어나게 됩니다. 하지만 이 상자 안의 온도가 점차 오르고, 상자 자체가 외부로 흑체복사의 과정을 따라 에너지를 방출하게 되리라 예상할 수 있어요. 결국에는 반딧불이가 단위 시간에 방출한 빛의 에너지가 상자 전체가 단위 시간에 밖으로 방출하는 전자기파의 에너지와 평형을 이루게 됩니다. 아무래도 상자 안 빛의 밝기가 무한대가 될 수는 없겠네요.

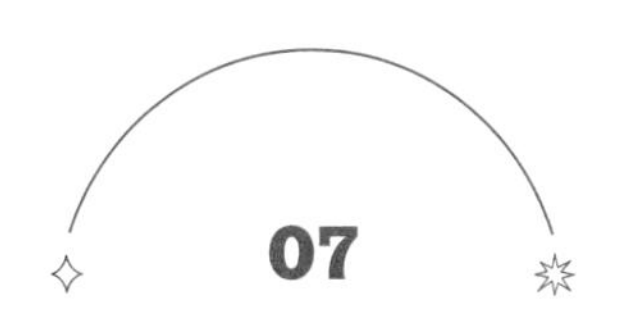

빛과 빛이 충돌할 수도 있을까?

✳

요즘 과학자들의 토론에서 사회를 보다 보니까 저도 과학 지식이 조금씩 늘어가는 것 같아서 스스로 대견하다는 생각이 듭니다. 그렇지만 여전히 새로운 궁금증은 끝이 없는 것 같습니다. 광자라는 빛의 입자는 질량이 0이라고 하더라고요. 도대체 입자인데 질량이 0이라는 설명 자체부터 쉽게 이해가 가진 않는데, 혹시 빛과 빛끼리 서로 충돌할 수도 있나요? 그래도 빛이 입자의 성질이 있다고 하니까 몹시 궁금하네요. 만약 충돌한다면 어떤 일이 벌어지나요?

이 질문에 대한 답을 얻기 위해서는 먼저 빛이 무엇인지부터 알아야 합니다. 빛은 전기장과 자기장이 주기적으로 바뀌면서 진행하는 전자기 파동입니다. 이렇게 빛은 파동이긴 하지만, 놀랍게도 동시에 에너지를 가진 입자의 성질도 가지고 있습니다. 이를 빛알光子, photon 또는 광자라고 부르죠. 빛은

이렇게 이중성을 보이기 때문에 상황에 따라서 다르게 행동합니다. 파동으로서의 빛은 서로 겹치고 간섭할 수는 있지만 충돌할 수는 없습니다. 하지만 입자로서 빛은 사회자의 질문처럼 질량이 0이긴 하지만, 에너지를 가지고 있어서 이론적으로 다른 광자와 상호작용할 수 있는 여지가 생기죠.

우리가 일상에서 관찰하는 빛은 서로 '충돌'하지 않습니다. 쉽게 생각해서 두 개의 손전등을 마주 보게 비추더라도 각각의 빛은 서로를 그냥 통과해버립니다. 이는 빛이 가진 파동의 성질 때문이죠. 서로 겹치면서 간섭(보강 간섭 또는 상쇄 간섭)을 일으킬 수는 있는데 질량을 가진 입자처럼 충돌하여 방향을 바꾸거나 멈춰 서지는 않는 거죠. 물론 여기서 빛의 성질에 관한 이야기를 끝낸다면 우리가 자연의 신비를 너무 무시하는 게 되겠죠. 현대에 들어 아인슈타인의 상대성 이론에 관한 심오한 비밀이 더 깊숙이 밝혀지고 양자역학이 발전하면서 극한의 에너지 조건에서는 빛이 서로 충돌할 수도 있다는 놀라운 가능성이 확인되었습니다.

양자 전기역학quantum electrodynamics에 따르면, 빛의 입자인 광자는 보통 전하를 띠지 않아 상호작용하지 않습니다. 하지만 아주 높은 에너지 상태라면 상황이 달라집니다. 극한의 강력한 에너지를 가진 두 광자가 서로 충돌하면 양전자-전자가 쌍pair을 이뤄 새로운 입자로 태어날 수 있는데, 최초로 이 실험 아이디어를 떠올린 과학자들의 이름을 따서 브라이트-휠러 과정Breit-Wheeler process이라고 부릅니다. 미국의 대규모 핵폭탄 개발 연구였던 맨해튼 프로젝트에 참여하기도 했던 두 명의 이론물리학자 그레고리 브라이트Gregory Breit와 존 휠러John Wheeler는 고에너지 광자가 서로 충돌하면, 그 과정에서 광자의 에너지가 물질 입자와 반물질 입자로 변환되고 전자와 양전자가 생성될 수 있다는 내용의 논문을 1934년에 발표했죠. 하지만 당시에는 그들조차도 이를 실험으로 증명할 수 있으리라고는 상상조차 하지 못했습니다. 최근 거대입자가속기LHC 기술이 발달하면서 관련된 실험이 계속되고 있습니다.

두 광자가 만나서 입자-반입자의 쌍을 생성할 수 있듯이, 입자와 반입자가 만나면 물질이 소멸하면서 광자로 바뀔 수도 있습니다. 전자-양전자의 쌍소멸에서 튀어나올 수 있는 광자는 한 개일까요, 아니면 두 개일까요? 앞에서 소개한 브라이트-휠러 과정의 반대 과정을 생각하면 광자가 하나가 아니라 두 개가 만들어질 것을 예상할 수 있어요. 아주 쉽게 쌍소멸에서 하나의 광자만 만들어지는 것은 불가능하다는 것을 설명할 수도 있습니다. 서로 반대 방향으로 같은 속력으로 날아와 충돌해 소멸되는 전자와 양전자를 생각해보죠. 입자의 질량에 속도를 곱한 것이 운동량인데, 어떤 충돌에서도 충돌 전과 후의 전체 운동량의 합이 일정하다는 것이 물리학의 운동량 보존 법칙입니다. 서로 반

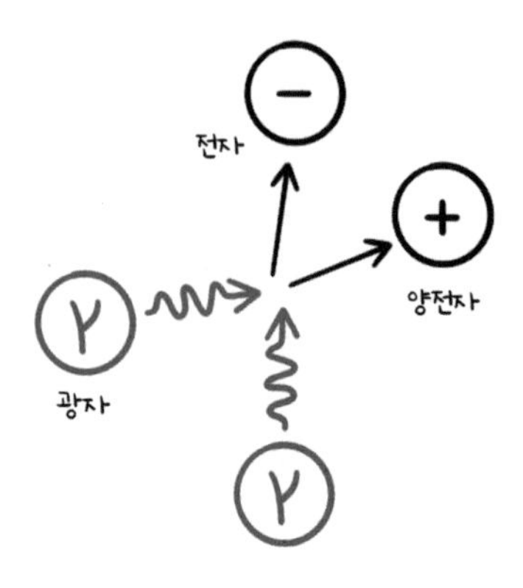

브라이트-휠러 과정

대 방향으로 같은 속력으로 날아오는 전자와 양전자의 충돌 전 운동량은 두 입자의 속도가 반대여서 0입니다. 그렇다면 충돌 후 생성된 광자의 운동량도 0이 되어야 하죠. 만약 광자가 딱 하나 생성된다면 광자의 운동량이 0이 아니게 되므로 운동량 보존 법칙을 위배하게 됩니다. 하지만 광자가 두 개가 생성되어서 서로 반대 방향으로 날아간다면 운동량 보존 법칙을 만족하게 되죠. 결국 입자와 반입자의 쌍소멸로 생성되는 광자는 결코 한 개일 수는 없고 두 개여야 하는 것이죠.

우리가 살아가는 환경 조건에서는 빛과 빛이 충돌하지 않고 서로를 통과하거나 간섭 효과만 남깁니다. 하지만 우주에서는 폭발하는 초신성이나, 블랙홀 주변의 극단적인 에너지 환경에서 빛이 충돌하면서 쌍생성이 일어나는 입자들이 지금도 존재할 겁니다. 이 과정은 빛, 에너지, 그리고 물질 사이의 중요한 연결 고리를 보여주며 우주의 탄생과 진화를 이해하는 데 핵심적인 역할을 합니다.

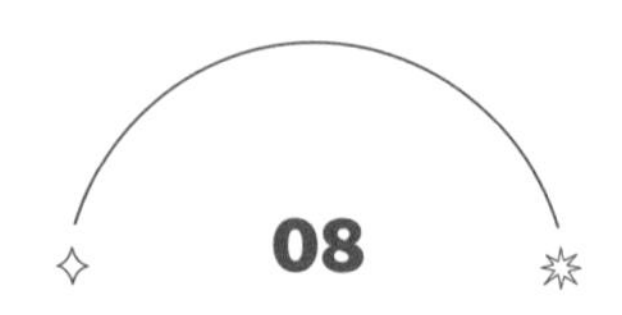

쇠사슬에 매단 돌을 우주로 던지면 어떻게 될까?

*

어떤 결과가 나올지 무척 궁금한 사고실험 하나가 머릿속에 떠올랐는데요. 아주 긴 쇠사슬 하나를 준비해서 한쪽 끝을 땅속 깊숙하게 박아 넣습니다. 그다음에 다른 쪽 끝을 수만 킬로미터 상공의 우주 공간까지 끌고 올라가서 적당한 무게의 돌 하나를 매답니다. 그러면 실제로 이 돌덩이가 마치 인공위성처럼 계속 지구 주위를 맴돌까요?

아주 재미있는 상상인데요. 만약 이런 실험이 가능하다면, 돌덩이를 쇠사슬로 연결하지 않더라도 우주 공간으로 날아가 버리는 것이 아니라, 인공위성처럼 지구 주변을 공전하게 할 수 있을 겁니다. 물론 돌덩이를 어느 정도 높이에 위치시키느냐가 중요한데요. 만약 적도 상공에서 지구 자전과 같은 속도로 돌 수 있는 높이, 즉 돌덩이에 작용하는 지구 중력과 돌덩이의 원운동과 관련한 원심력이 균형을 이루는 높이에 둔다

면, 지구 지표면에 있는 우리 눈에는 이 돌덩이가 마치 하늘 한 곳에 고정된 것처럼 보일 수도 있습니다.

이 높이의 위치가 꼭 적도 상공이어야만 하는 데는 이유가 있습니다. 지구 자전과 동일한 속도로 돌면서 항상 같은 위치에 떠 있어야 하기 때문입니다. 만약 돌덩이가 적도가 아닌 다른 곳의 상공에 떠 있다면, 비록 이 돌덩이가 지구 자전과 마찬가지로 24시간 주기로 공전한다고 해도 하늘 한가운데에 고정된 것처럼 보일 수 없기 때문이죠.

실제로 인류는 이미 지구 자전 속도와 일치하는 적도 상공의 궤도를 따라 수많은 정지 위성을 우주에 올렸습니다. 이 궤도를 정지궤도停止軌道라고 부르는데, 지구 표면으로부터 약 3만 6,000㎞, 지구 중심으로부터 약 4만 2,000㎞ 높이에 위치합니다. 정지궤도의 높이는 고등학생 수준의 물리 상식을 바탕으로 뉴턴의 보편중력 법칙과 원운동의 가속도가 어떻게 주어지는지만 알면 쉽게 계산해낼 수 있습니다. 우리나라가 개발해 발사한 정지궤도 위성으로는 천리안위성 1호, 천리안위성 2A호, 천리안위성 2B호 등이 있습니다.

그렇다면 이 사고실험에서 돌덩이가 지구 중심으로부터 4만 2,000㎞보다 더 가까운 곳에 위치하면 어떻게 될까요? 위성은 지구에 가까울수록 더 빨리 돌고, 멀수록 더 천천히 돕니다. 태양계 행성들만 봐도 수성, 금성, 지구는 순서대로 더 빠르게 공전하지만, 목성이나 토성은 훨씬 느리게 공전하죠. 이처럼 중력의 중심에서 가까울수록 공전 속도가 빨라지고, 멀수록 느려집니다.

만약 돌덩이를 4만 2,000km보다 더 가까운 곳에 쇠사슬로 매달았다면, 쇠사슬의 한쪽 끝이 딱 고정되어 있는 지구 표면의 한 지점은 지구 자전에 맞춰 24시간 주기로 돌지만 돌덩이는 이보다 더 짧은 주기로 공전하려고 하겠죠. 결국은 팽팽히 당겨진 쇠사슬이 돌덩이의 속도를 줄이게 될 겁니다. 이렇게 돌덩이의 속도가 줄어들면 지구로 추락할 가능성이 큽니다. 반대로 돌덩이를 4만 2,000km보다 더 먼 곳에 매달았다면 어떻게 될까요? 비록 처음에는 돌덩이가 지구 자전과 같은 24시간의 공전주기로 돌기 시작했다고 해도, 원운동의 반경이 더 크기 때문에 원심력도 증가하여 결국 돌덩이는 지구로부터 점점 멀어지려 할 겁니다. 쇠사슬이 돌덩이가 멀어지지 않게 붙잡아 당기게 되겠죠. 이 경우에는 쇠사슬이 돌덩이에 작용하는 장력과 지구가 돌덩이를 잡아당기는 중력을 더한 전체 힘이 돌덩이에 작용하는 원심력과 균형을 이뤄야 해요. 원칙적으로 불가능하진 않겠지만, 이렇게 긴 쇠사슬을 굳이 만들어서 연결하느니, 그냥 중력만을 이용해 공전하는 인공위성을 발사하는 편이 훨씬 더 효율적일 것 같습니다.

지구 표면 기준으로 언제나 같은 곳에 떠 있다는 건 상당히 쓸

모가 많은데요. 전파가 지구를 뚫고 지나가지는 못하기 때문입니다. 예를 들어 위성이 지구 반대편으로 이동하면 지구가 전파를 막아서 통신이 끊어지게 되죠. 그래서 무려 600대 이상의 수많은 통신 위성이나 기상 위성이 적도 상공의 정지궤도에 배열되어 마치 지구를 두르는 고리처럼 떠 있습니다. 이러한 위성들은 항상 하늘의 일정한 위치에서 지구 표면과 통신하며 GPS, TV 방송, 인터넷 등 현대 생활에 필수적인 임무를 수행하고 있습니다.

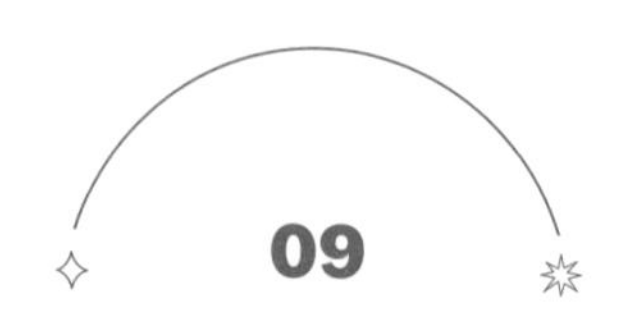

소련이 10년 동안 극비로 숨긴 물리 현상은?

✳

소련이 무려 10년간이나 꽁꽁 비밀로 숨긴 아주 신기한 물리 현상이 있다고 하더라고요. 심지어 이를 숨긴 이유가 지구 멸망과 관련이 있고요. 아무리 음모가 많은 공산국가였다고 하지만, 한때 미국보다 앞선 우주 과학 기술을 보유했었고 세계 최강 국가의 자리를 놓고 경쟁했던 소련이잖아요. 그런데 그 원인을 찾기도 힘들어하고 엄청난 위험이 있어 몰래 숨기기까지 했다니, 좀 무섭기도 하지만 엄청나게 흥미진진한데요.

바로 3차원 물체의 회전 운동과 관련한 현상인데요. 모든 물체는 회전시킬 수 있는 중심축이 3개가 있습니다. 이 중에서 최대 관성 축(가장 길게 늘어진 축)이나 최소 관성 축(가장 짧은 축)을 기준으로 회전할 때는 안정적으로 운동하지만, 그 사이의 중간 관성 축으로 회전할 때는 갑작스럽게 방향을 바꿔가며 회전하는 현상이 나타납니다. 이 현상을 테니스 라켓과 같은

모양의 물체가 회전하는 운동에서 쉽게 관찰하고 이해할 수 있다고 해서 테니스 라켓 정리tennis racket theorem라고 부르기도 하고, 우주의 무중력 공간에서 이 현상을 발견한 소련 우주인의 이름을 따서 자니베코프 효과라고 부르기도 합니다.

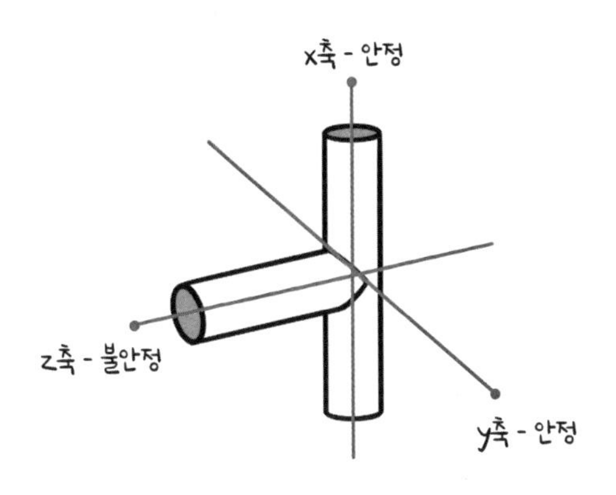

1985년에 소련에서 운영하던 우주정거장이 추락할 위험이 있어서 이를 고치기 위해 우주인이 올라갑니다. 이 우주인이 임무 수행 중에 우연히 무중력 공간에서 T자형 레버가 축을 바꿔가며 회전하는 신기한 장면을 목격하죠. 실제 관련 영상을 인터넷상에서 쉽게 찾아볼 수도 있는데요(https://www.youtube.com/watch?v=1n-HMSCDYtM). 아마도 이를 계기로 소련 당국에서 이 현상에 관심을 가지고 비밀 프로젝트를 시작했을 거로 보입니다. 소련이 숨겼다고는 하지만, 이 현상은 이미 150여 년 전부터 알려져 있었고 1834년에는 프랑스의 루이 푸앵소Louis Poinsot라는 물리학자가 이와 관련한 기초 이론을 정립하기도 했습니다.

알기 쉽게 휴대전화를 이용해서 이 현상을 다시 설명해보겠습니다. 휴대전화의 화면을 위나 아래 중 한 방향으로만 향하도록 유지한 채 옆으로 돌릴 수도 있고, 위아래가 연속해서 뒤집히도록 짧은 방향으로 돌릴 수도 있고, 같은 방식으로 긴 방향으로 돌릴 수도 있습니다. 이 경우 테니스 라켓 정리 효과를 보이는 중간 회전축은 긴 방향으로 위아래가 뒤집히도록 돌리는 경우여서, 실제로 그렇게 휴대전화를 던져보면 공중에서 방향을 바꿔 회전하는 현상을 발견할 수 있습니다. 그 원인으로는 회전 운동의 안정성과 각운동량 보존 법칙 같은 물리 법칙과 관련이 있죠.

아마도 소련에서 이 현상을 두고 호들갑을 떤 이유를 짐작해보면, 지구도 회전 운동을 하는 3차원 물체로 볼 수 있고, 또 지구 표면에는 높은 산이나 깊은 바다가 있어서 완벽한 구체가 아니므로 테니스 라켓 정리와 같은 현상이 일어날 수 있다고 본 거죠. 만약 그로 인해 지구 자전축이 갑자기 바뀐다면 인류 멸망급의 재난 사태가 벌어질 수도 있다는 염려를 했던 것 같습니다. 그래서 오랜 기간 국가 차원에서 지구와 닮은꼴의 구체에 이런저런 구조물을 부착해보거나 형태를 바꿔가면서 연구를 지속했던 거로 보이고요. 하지만 결국에는 아무런 문제를 발견하지 못했으니 비밀을 해제하고 이를 발표했겠죠.

지구와 달리 우주에는 실제로 불완전하게 축을 바꿔가며 운동하는 천체들이 존재하긴 합니다. 형태가 구체이긴 하나 어그러지고 못생긴 감자나 고구마를 닮은 소행성들이 많으니까요. 우주선이 불완전 회전 운동을 한 흥미로운 사례도 있는데요. 1950년대에 미국이 우주 궤도에 올린 익스플로러라는 인공위성은 전형적인 로켓의 형태, 즉 원기둥 모양이었습니다. 처음 발사할 때의 기대는 앞부분부터 뒷부분까지 곧바른 상태를 유지하며 옆으로만 도는 회전 운동을 하며 날아갈 거로 기대했습니다. 하지만 나중에 확인해보니 실제로는 머리부터 꼬리까지 완전히 뒤집히면서 날아가고 있었죠. 아마도 익스플로러 옆 부분에 돌출된 안테나 라인 같은 구조물로 인해 각운동량이 불안정해졌기 때문일 것으로 추정하고 있습니다.

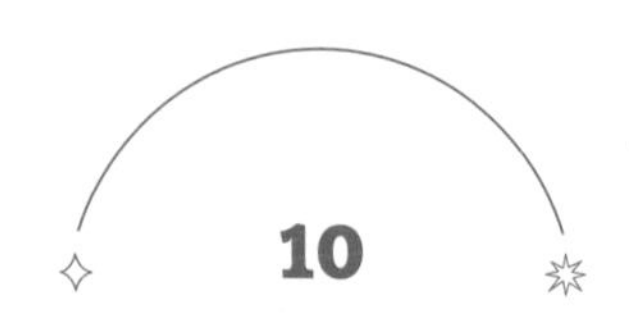

매미가 소수를 구분한다고?

*

여름이 되면 매미들이 떼로 나타나잖아요. 어떤 종이냐에 따라 다른 것 같긴 하지만, 특히 엄청난 수로 한꺼번에 나타나는 매미가 있습니다. 올여름에도 미국에서는 17년 만에 1,000조 마리에 가까운 매미 떼가 나타나서 온갖 피해를 주었다는 보도를 본 적이 있는데요. 그래서 이런 사태를 성경의 아마겟돈에 비유해서 매미-겟돈이라고 부른답니다. 이 매미들은 서로 약속한 것도 아닐 텐데, 어떻게 그 오랜 세월을 다 같이 기다렸다가 동시에 나타날 수 있었을까요?

매미와 관련하여 가장 신기한 것이 소수 주기로 나타난다는 사실인데요. 잘 알다시피 소수는 2, 3, 5, 7, 11처럼 1과 자기 자신이 아니면 나눌 수 없는 숫자입니다. 나머지 다른 모든 수는 소수의 곱셈으로 표현할 수 있어서 수의 근원은 소수에 있다고 생각해왔죠. 한자 素數(소수)의 素(소)자에도 바탕,

근본이라는 의미가 들어 있습니다. 그래서 소수를 제외한 수는 합성수라고 부릅니다. 이런 소수의 비밀을 밝히기 위해 인류 역사를 통해 수많은 천재 수학자가 전력을 다했지만, 지금까지도 명확한 규칙을 발견해내지는 못했죠. '악마의 문제'라고 불리는 리만 가설Riemann hypothesis도 소수의 규칙성과 관련이 있습니다.

놀랍게도 매미는 종에 따라 5·7·13·17년 등의 소수 주기로 땅속을 뚫고 올라와 세상에 나타납니다. 그렇게 오랜 세월을 땅속에서 유충으로 살아가다가 세상 밖에 나와서는 기껏 2~3주 살다가 죽거든요. 매미들이 어떤 이유로 그렇게 장기의 소수 생애주기를 선택하게 됐는지를 추정하는 강력한 가설이 있긴 합니다. 매미가 나무에서 알을 낳으면 유충은 땅속에 자리를 잡아

5~17년 사이의 소수 년 동안 살아가는데, 이는 천적을 만날 확률을 줄이기 위해서입니다. 예를 들어, 6년마다 나타나는 천적이 있다면 12년 주기 매미는 천적과 자주 생애주기가 겹쳐서 생존에 위협을 받겠지만, 13년 주기 매미는 78년(6×13)마다 한 번 만나서 장기간 위험을 피할 수 있게 되죠.

생물학자들은 원래 매미의 생애주기가 지금처럼 길지는 않았는데 천적과 마주치면서 5년, 7년으로 길어지다가 심지어 17년이라는 긴 세월까지 늘어났다고 추정합니다. 아마 17 다음의 소수인 19년 주기 매미가 나타날 수도 있겠죠. 짧은 순간 한꺼번에 나타나는 것도 종의 생존에 유리한 환경을 만들기 위해서인데, 개체의 숫자가 엄청나면 천적의 공격을 받더라도 살아남는 개체가 많아져 종의 번식과 생존에 더 유리하기 때문이라고 봅니다. 그렇다고 해서 매미가 수학적인 개념으로 소수를 인식하는 지능이 있다고 생각하는 것은 당연히 어렵죠.

매미는 천적이 무척 많은데요. 그렇다고 위장술이 뛰어난 것도 아니고, 게다가 짝짓기를 위해 진공청소기 소음이나 열차가 바로 옆에서 지나가는 소리만큼 큰 데시벨로 울어대며 자신의 위치를 외부에 알리기까지 합니다. 그래서 천적과 최대한 마주치지 않는 종이 살아남을 확률이 높으므로 자연스럽게 소수에 맞춰 태어나는 매미들이 자연선택을 받았을 거로 추정할 수 있죠. 그렇다고 해도 의문은 남습니다. 이 매미들이 도대체 어떻게 햇수를 세서 소수 년을 찾아 태어나는 걸까요? 우리가 생각할 수 있는 가설 하나는 기온 변화를 기준으로 겨울철이 몇 번 지났는지를 측정하지 않을까 합니다. 또 소수 년이 되면 수십억 마리의 개체가 거의 동시에라고 할 만큼 짧은 기간에 다 함께 땅 위로 올라오는데 그럴 수 있는 이유와 관련한 흥미로운 통계물리학 논문이 있습니다. 이 논문은 주변 매미들과 어떤 방식으로든 영향을 주고받는 메커니즘이 있다면 그런 거대한 현상이 나타날 수 있다는 것을 증명했습니다. 소수의 매미가 서로 영향을 주고받아 행동하면 그다음 옆의 무리가 행동하는 식의 지역적 상호반응을 통해서 거대한 집단행동이 일어날 수 있다는 거죠. 하지만 그런 네트워크가 생물학적으로 어떻게 구현되는지는 확실하게 알아내지 못했습니다.

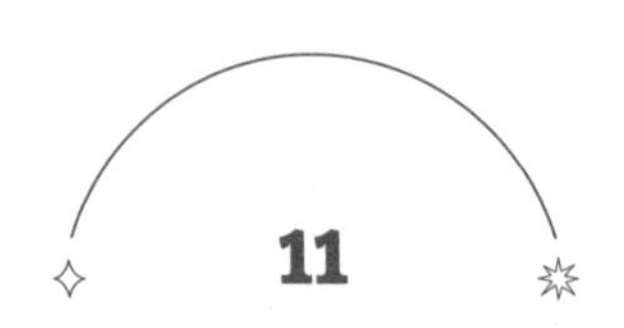

얼룩말은 제각기 다른 줄무늬를 어떻게 만들까?

*

얼룩말은 선명한 줄무늬가 인상적인데요. 놀랍게도 검은색 피부에 흰털이 나서 줄무늬가 그려진다고 하더라고요. 또 사람의 지문처럼 개체마다 줄무늬가 모두 달라서 이를 통해 누가 누구인지도 구분할 수 있고요. 같은 종이니까 유전자도 같을 텐데, 어떻게 이렇게 비슷하면서도 끝없이 다른 줄무늬를 만들어낼 수 있을까요?

얼룩말뿐만 아니라 기린이나 호랑이, 표범 등 반복되는 패턴의 무늬를 가진 동물이 많은데요. 포식자로부터 몸을 숨기거나, 사냥을 위해 은밀히 다가가기 위한 역할을 하죠. 또 사회자의 질문처럼 대개 개체마다 모두 무늬가 달라서 연구자들이 모양에 따라 특정 개체를 구분할 때 활용하기도 합니다. 그렇다면 동물들은 이렇게 각기 다른 멋진 무늬들을 어떻게 만들어낼 수 있을까요? 놀랍게도 이 복잡하고 신비한 현상을 수학

적으로 설명해낸 사람이 있습니다.

바로 앨런 튜링Alan Turing이라는 영국의 과학자인데요. 앨런 튜링은 컴퓨터의 아버지로 불릴 만큼 중요한 업적을 남긴 천재 과학자입니다. 그는 1952년에 동물들이 가진 무늬 패턴이 어떻게 형성되는지를 설명하는 데 도움이 되는 「형태 생성의 화학적 기초」라는 제목의 획기적인 논문을 발표했습니다. 얼룩말의 흑백 줄무늬, 호랑이의 주황색과 검은 줄무늬, 기린이나 치타의 얼룩 점무늬까지 모두 같은 원리로 설명할 수 있다는 점에서 무척 흥미롭습니다. 튜링은 동물들의 이런 무늬가 단순히 우연의 결과가 아니라 '반응-확산 모형'이라는 자연의 수학적 법칙에 따라 형성된다는 걸 밝혀냈습니다.

튜링이 발견한 원리를 이해하려면 동물의 몸 안에서 일어나는 화학 작용을 상상해볼 필요가 있습니다. 동물의 피부 속에는 형태소morphogen라는 서로 다른 역할을 하는 두 가지 물질이 있다고 가정할 수 있습니다. 하나는 무늬를 형성하는 물질인 활성 인자이고, 다른 하나는 이를 억제하는 물질인 억제 인자입니다. 이 두 물질이 피부 표면에서 서로 경쟁하고 상호작용하면서 얼룩덜룩한 무늬나 선을 만들어내는 거죠. 활성 인자는 특정 부위에 무늬를 만들려 하고, 억제 인자는 그 무늬가 지나치게 넓게 퍼지는 것을 막으려 합니다. 이렇게 생각보다는 간단한 메커니즘이 얼룩말이나 호랑이의 줄무늬처럼 선명하고 규칙적인 패턴을 모두 다르게 만들어내는 비밀이죠.

튜링은 이렇게 세포 속에서 일어나는 인자들의 화학반응을 미분방정식을 이용해 설명했는데요. 사실 튜링이 이 논문을 발표한 당시에는 학계의 주목을 크게 받지 못했습니다. 하지만 후대에 이 방정식으로 컴퓨터 시뮬레이션을 돌려보니 실제 동물들의 무늬 패턴을 재현할 수 있다는 연구 결과가 속속 이어지면서 그의 천재성이 다시 빛난 거죠.

이 원리는 동물들의 무늬뿐만 아니라 어류나 파충류 비늘의 독특한 패턴까지도 설명할 수 있습니다. 심지어 자연 속에서 무늬가 나타나는 다양한 현상들, 예를 들면 바닷가 모래사장이나 사막 모래언덕 표면의 무늬나 나뭇잎에 생기는 반점까지도 같은 원리로 이해할 수 있습니다. 튜링의 이 논문은 그 용도가 자연의 규칙성을 알아내는 데에만 그치지 않습니다. 그의 천재성은 인류의 피부 질환 치료나 암 연구, 심지어 환경 과학에도 영향을 미치고 있습니다. 예를 들어 사람의 피부에 특정 패턴이 나타나는 질환은 튜링이 제시한 반응-확산 모형으로 이해할 수 있고, 치료법을 개발하는 데도 도움을 받을 수 있습니다.

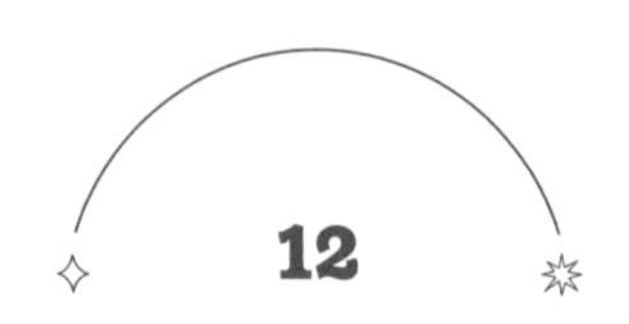

너무 당연해서 의아한 물리 법칙은?

*

인류의 역사상 지동설, 천동설 논쟁이 대단한 사건이었다고 하긴 하는데, 사실 지금은 너무 당연해서 무려 2000년 넘게 이를 잘못 알고 있었다는 사실이 오히려 믿어지지 않을 정도예요. 이와 마찬가지로 뭔가 심오하고 이해하기 어려운 것 같지만, 알고 보면 너무 당연하고 간단한 과학 이론이 있을까요?

과학의 역사에서 사람들이 이렇게 당연한 걸 왜 몰랐을까 하는 것이 두 가지가 떠오르네요. 하나는 이번 『과학을 보다 3』의 주요 소재인 진화론입니다. 그 내용의 핵심인 자연선택은 잘 적응하는 개체가 살아남고 그렇지 못하면 도태한다는 것인데, 이를 이해하는 순간 일종의 동어반복이 아닌가 할 정도로 당연해 보였어요. 인류가 진화의 원리를 발견하는 데 수천 년이 걸렸다는 것이 어이없을 정도였습니다. 그렇지 않나요? 살

아남는 개체가 자기와 거의 같은 개체를 자손으로 남긴다는 것은 너무나도 자명하니까 말이죠.

그다음으로 물리학에서는 엔트로피 증가의 법칙이 그와 비슷합니다. 제 연구 분야이기도 한 통계물리학은 미시적인 구성 요소로부터 어떻게 거시적인 현상이 드러나게 되는지를 통계적인 방법으로 연구합니다. 통계물리학에서 엔트로피가 크다는 것은 그냥 가능한 경우의 수가 많다는 것을 의미해요. 그리고 경우의 수가 많은 사건이 당연히 그 사건이 일어날 확률도 높죠. 동전 10개 모두가 앞면인 상황은 딱 한 가지 경우밖에 없어요. 10개가 모두 앞앞앞…앞인 경우죠. 하지만 절반인 5개가 앞면인 상황은 여러 경우가 있죠. 10개 중에서 앞면이 나온 5개 동전을 고르는 경우의 수는 훨씬 많으니까요. 주머니에 10개 동전을 넣고 마구 흔든 뒤 꺼내보면 비록 처음에 10개 모두 앞면인 상태였더라도 결국에는 절반 정도가 앞면인 상황을 보게 됩니다. 그래서 엔트로피가 증가한다는 것은 그냥 경우의 수가 많아서 일어날 확률이 높은 사건은 일어나게 마련이라는 것과 같은 얘기가 되죠. 결국, 엔트로피 증가의 법칙도 진화론처럼 일종의 동어반복에 불과할 수 있죠.

정돈된 트럼프 카드를 던져놓으면 마구 뒤섞이잖아요. 이게 바로 엔트로피가 증가하는 현상이거든요. 생각해보면 이건 너무 당연합니다. '뒤섞여 있다'라고 우리가 부르는 상태는 트럼프 카

엔트로피 증가의 법칙

확률이 높은 사건은 일어나게 마련이다.

드가 순서대로 정돈되어 있는 상태보다 훨씬 더 가짓수가 많잖아요. 그러니까 그런 사건은 발생할 수밖에 없습니다. 진화론은 '살아남는 개체와 닮은 자손이 살아남는다'라는 동어반복에 가까운 얘기고, 엔트로피 증가의 법칙은 '일어날 일은 일어난다'라는 동어반복인 셈인 거죠. 그래서 저는 이런 이론들은 일종의 메타 이론• 같은 성격이 있다고 생각합니다. 진화의 메커니즘을 우리가 발견했든 아니든, 앞으로 어떤 새로운 발견이 이어지든, 진화의 원리 자체가 어긋날 리가 없잖아요. 엔트로피 증가의 법칙

• 주어진 상황에 적용되는 구체적인 이론이 아니라 적절한 이론이라면 꼭 만족해야 하는 이론이라는 뜻. 메타 이론은 일종의 '이론의 이론'이라고 할 수 있다.

도 마찬가지고요. '일어날 확률이 높은 사건은 일어나게 마련이다'라는 명제가 어떻게 부정될 수 있겠냐는 거죠. 물론 이런 당연한 생각을 통계물리학의 관점에서 체계적으로 그리고 정량적으로 발전시킨 것이 엔트로피 증가의 법칙이긴 합니다. 저와 같은 통계물리학자들은 양자역학이나 고전역학의 방정식이 달라지는 미래를 상상할 수는 있지만, 그런 미래가 오더라도 엔트로피 증가의 법칙은 결코 바뀌지 않을 것으로 확신합니다.

흥미롭게도 진화생물학과 물리학이라는 두 분야에서 동일한 과학자가 중요한 기여를 했습니다. 그는 바로 '거의 혼자 힘으로 현대 통계학의 기초를 만들어낸 천재'로 평가받는 영국의 수리통계학자 로널드 피셔Ronald Fisher인데요. 피셔는 통계학뿐만 아니라 진화생물학에서도 다윈에 버금갈 정도의 공로를 인정받고 있습니다. 사실 물질의 입자 차원에서든 생물의 변화 차원에서든, 시간에 따른 변화를 분석하는 수학적 방법론에는 비슷한 성격이 많아서 진화생물학과 통계물리학이 겹치는 부분이 상당히 많은 것도 사실입니다. 그래서 통계물리학자가 수학적 방법론을 통해 진화를 연구하는 사례가 많습니다.

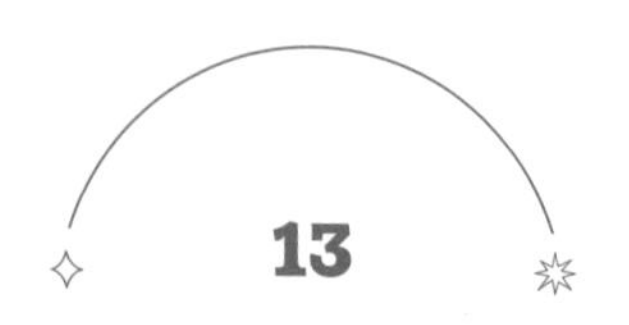

13

물리학자가 가장 흥미롭게 읽은 소설은?

✳

과학은 사람들의 호기심을 끝없이 자극해서 소설이나 영화 같은 예술 작품의 주요 소재가 되기도 합니다. 그런 작품들을 보면 일반인들은 그저 흥미 차원에서 내용에 빠져들겠지만, 과학자들은 여러 생각을 할 수도 있을 것 같습니다. '저건 말이 전혀 안 된다'거나, '저런 내용은 정말 현실에서도 가능할 수 있겠는데' 하면서 새로운 연구 주제의 힌트로 삼을 수도 있고요. 물리학자로서 기억에 남는 작품에는 어떤 것이 있을까요?

실제로 저는 SF 소설을 즐겨 읽는데요. 특히 소설가 테드 창Ted Chiang의 작품을 좋아합니다. 인상 깊었던 그의 작품 중 하나가 『당신 인생의 이야기』라는 단편 소설입니다. 〈컨택트〉(2017)라는 제목으로 개봉된 SF 영화를 본 사람들이 많을 텐데요. 이 영화의 원작 소설이 바로 이 단편이죠. 헷갈릴 수 있어서 미리 말해두는데, 모음 하나만 다른 〈콘텍트〉(1997)라는 비

슷한 제목으로 개봉한 영화도 있었습니다. 조디 포스터와 매튜 매커너히가 주연한 이 영화도 우주에 대한 과학적 호기심을 불러일으키는 무척 인상적인 내용인데, 우주로부터 날아오는 전파 신호 수신을 통해 외계 생명체와 만난다는 줄거리죠. 이 영화 역시 유명한 천문학자 칼 세이건의 소설이 원작입니다.

물리학과 컴퓨터공학을 전공한 테드 창이 쓴 SF 소설집. 최고의 과학소설에 수여되는 모든 상을 석권했다.

〈컨택트〉 역시 미지의 외계인과 인류가 만나 의사소통을 시도하는 내용의 영화인데, 최근 화제를 끌었던 SF 영화 〈듄〉의 감독 드니 빌뇌브의 작품입니다. 참고로 영화 제목과 관련하여 영문 'contact'의 표준 한글 표기는 '콘택트'가 맞지만, 영화 수입사에서 이전에 나온 영화와 구분하기 위해 할 수 없이 '컨택트'라는 제목을 사용한 것 같습니다.

감독이 영화에서 다루지는 않았지만, 소설에서는 시간을 인식하는 두 가지 관점이 매우 중요한 역할을 합니다. 하나는 고전역학에서 시간의 흐름을 인식하는 방법인데요. 예를 들어 레이저 불빛을 여기서 쏘았다고 가정하면, 지금 현재 광자가 있는 위치에서 그 속도로 조금 시간이 지나면 어디에 있을지, 그다음에는 또 어디에 있을지를 예측할 수 있습니다. 이렇게 시간을 과거, 현재, 미래로 단계적으로 그리고 순차적으로 흐른다고 보는 세계관이 있습니다. 바로 뉴턴 고전역학에서 선형적이고 비가역적인 시간의 흐름을 받아들이는 인식의 방식이죠.

또 다른 관점은 시간의 흐름을 과거, 현재, 미래를 따라 진행하는 순차적인 것이 아니라 과거, 현재, 미래를 아우르는 전체로서 한 번에 인식하는 방식입니다. 빛은 출발지와 목적지를 연결하는 가능한 모든 경로 중에 가장 이동 시간이 짧은 경로로 진행합니다. 빛은 마치 출발할 때 이미 도착점을 알고 있을 뿐 아니라, 어떤 경로로 가야 가장 짧은 시간이 걸리는지도 알고 있는 것처럼 보이죠. 물론 그렇게 보일 뿐, 빛이 실제로 시계로 시간도 재고 지능도 있다는 뜻은 결코 아닙니다. 어쨌든 모든 시간 전체를 아우르는 바로 이 두 번째 인식의 방식을 가지고 있는 것이 바로 이 영화에 등장하는 외계인 헵타포드입니다. 이들의 언어를 습득하게 된 영화의 주인공은 자신의 딸이 이른 나이에 죽는다는 미래의 사실을 딸을 낳기도 전에 이미 아는 인식의 수준에 도달하게 되죠.

이 소설이 실린 단편 소설집에는 제가 인상적으로 봤던 또 다른 소설이 있는데요. 제목이 「0으로 나누면」입니다. 재미있는 건 어떤 숫자도 0으로 나눌 수는 없거든요. 만약 특정 숫자를 0으로 나눈 값이 존재한다고 가정하면 온갖 수학적인 모순이 발생하게 됩니다. 아주 간단한 예로 1과 2가 같다는 걸 증명할 수도 있게 되죠.

가. $a = b = 1$

나. $a^2 = ab$

다. $a^2 - b^2 = ab - b^2$

라. $(a + b)(a - b) = b(a - b)$

마. $a + b = b$

바. $\therefore 2 = 1$

위 수식의 어느 단계에서 문제가 발생한 걸까요? (라)까지의 흐름은 수학적으로 아무런 잘못이 없습니다. 문제는 (마)로 넘어갈 때인데요. 양변을 (a - b)로 나누어서 'a + b = b'만 남긴다는 건 실제로는 양변을 0으로 나눈 겁니다. a = 1, b = 1이므로 a - b, 즉 1 - 1 = 0이니까요. 그러나 어떤 수를 0으로 나누는 것은 수학에서 금기입니다. 위의 엉뚱한 증명처럼 어떤 수를 0으로 나누는 것을 수학이 허락하는 순간 1과 2가 같아지니까요. 1과 2뿐만 아니라 그 어떤 숫자도 다른 모든 숫자와 같아집니다.

그런데 소설 「0으로 나누면」에서 재미있는 동기를 이루는 것이, 어떤 수학자가 이렇게 0으로 나누어도 된다는 걸 수학의 논리적 과정으로 증명한다는 이야기입니다. 그렇다면 위 증명처럼 모든 숫자가 다른 숫자들과 같다는 결론으로 이어지거든요. 우리 앞에 지금 물컵 두 개가 놓여 있는데, '이걸 지금 정말 두 개로 볼 수 있느냐?' 하는 의문도 가능하게 되죠. 그러면서 소설의 내용이 흥미롭게 전개가 되는데, 제가 이 소설가를 좋아하는 이유가 이렇게 과학과 수학 분야에서 '우리가 알고 있는 지식이 만약 사실이 아니라면…'과 같은 도발적인 질문을 던지기 때문입니다.

구독자들의 이런저런 궁금증 4

Q1. 천재 물리학자 아인슈타인이 100여 년 전에 예측한 중력파를 현대의 과학자들이 실제로 관측했다는 뉴스를 봤습니다. 이름을 보면 중력파는 그 본질이 파동인 것 같은데, 전자기파처럼 역시 파동과 입자의 성질이 함께 있는 건가요? 속도 역시 전자기파와 같다는데, 그럼 진동수 역시 비슷한 건가요? 다르다면 그 이유는 무엇인가요?

-sukhwan98

아인슈타인의 일반 상대성 이론은 무거운 질량을 가진 천체 주변의 시공간이 어떻게 휘어지는지 알려줍니다. 만약 이 천체가 가속해서 움직인다면 시공간의 변형이 파동의 형태로 멀리 전달되겠죠. 중력파의 전달 속도 최댓값은 전자기파와 마찬가지로 진공 상태에서의 빛의 속도입니다. 전자기파는 전달 속도가 같아도 진동수가 다를 수 있듯이, 중력파도 발생하는 상황에 따라 진동수가 달라집니다. 중력파 관측소인 라이고LIGO에서 관측된 중력파의 모습을 보면 두 블랙홀이 가까워지면서 점점 빠르게 돌고, 이때 발생한 중력파의 진동수가 점점 커지는 것을 볼 수 있어요. 전자기파가 파동이면서 입자의 성질을 갖는 것처럼, 중력파도 파동과 입자의 성질을 가질 가능성이 있다고 여겨집니다. 전자기파를 구성하는 입자가 빛알(광자)이듯이 중력파를 구성하는 입자가 중력자graviton 입니다. 하지만 중력 양자 이론은 아직 완성되지 않아서 중력자의 존재는 여전히 확실하지 않고, 관측되지도 않았습니다.

Q2. 〈과학을 보다〉 영상에서 '각운동량 보존 법칙'이라는 말을 간혹 듣곤 합니다. 얼핏 듣기에 좀 어렵게 느껴지는데요. 그런 현상이 발생하는 이유가 관성의 법칙이나 운동량 보존 법칙과 비슷하다고 이해해도 큰 무리는 없을까요? 가장 쉽게 이해할 수 있는 비유나 설명을 부탁드립니다.

-ddongjjun25

운동량 보존 법칙과 비슷하지만 다른 법칙입니다. 무거운 물체는 밀거나 당겨도 쉽게 움직이지 않습니다. 그래서 큰 질량을 가진 물체는 속도가 빨리 변하지 않고, 이런 성질을 '관성'이라고 하죠. 마찬가지로 무겁고 큰 원판을 돌리려고 할 때도 빨리 회전하지 않습니다. 원판이 쉽게 돌지 않는 이유가 바로 '관성모멘트moment of inertia' 때문이에요. 관성모멘트는 물체가 회전할 때 얼마나 잘 돌거나 혹은 잘 안 도는지를 결정하는 중요한 요소입니다. 질량과 속도를 곱해서 운동량을 정의하듯이 각운동량은 물체의 관성모멘트와 회전 각속도를 곱한 것으로 정의합니다. 그리고 외부의 힘이 없다면 운동량이 보존되듯이, 외부의 돌림힘이 없다면 각운동량이 보존되는 것이 각운동량 보존 법칙입니다. 피겨 스케이팅 선수가 양팔을

양팔을 멀리 뻗으면 회전 각속도가 줄어들고, 움츠리면 회전이 빨라진다.

옆으로 멀리 뻗으면 관성모멘트가 커져서 회전 각속도가 줄어들고, 거꾸로 양팔을 몸에 붙이면 관성모멘트가 작아져서 회전 각속도가 늘어납니다. 각운동량 보존 법칙으로 쉽게 이해할 수 있는 현상입니다.

Q3. 저는 전기차를 몰고 다니는데요. 전기차가 다른 점은 다 좋은데, 여름보다 겨울에 주행 가능 거리가 줄어들고, 히터라도 틀면 금방 배터리가 소진되더라고요. 배터리에 전기가 어떤 원리로 저장되기에 기온에 따라 성능 차이가 날까요? 앞으로는 다른 방식의 배터리가 개발돼서 계절에 상관없이 더 안전하고 편리하게 이용할 가능성도 있을까요?

-ejrwkajrwk

겨울철 전기차의 배터리가 빨리 소진되는 첫 번째 원인은 바로 차 내부를 난방하는 데 많은 에너지를 사용하기 때문입니다. 전

기차 배터리가 가지고 있는 전기 에너지를 열로 바꾸려면 많은 전기가 필요해요. 집에서 사용하는 난방용 히터가 전기를 많이 소비하는 것도 같은 이유입니다. 두 번째 원인은 낮은 온도에서는 배터리 효율이 떨어지기 때문입니다. 전기차의 충전 배터리는 화학반응으로 작동하는데, 낮은 온도에서는 모든 화학반응이 느려집니다. 겨울철에는 전기차 배터리를 충전하는 시간도 길어지고, 충전된 배터리에서 화학반응으로 생성되는 전기 에너지의 출력도 줄어들게 됩니다. 충전하기 전에 배터리 온도를 올리고, 차 안의 온도가 너무 내려가지 않도록 하면 겨울철 전기차의 효율을 조금 높이는 데 도움이 됩니다.

과학을 보다3

BODA

초판 1쇄 발행 2025년 2월 14일
초판 2쇄 발행 2025년 3월 3일

지은이 | 김범준, 우주먼지(지웅배), 이대한 그리고 정영진
그린이 | 김지원
기획 | 어썸엔터테인먼트

펴낸이 | 정광성
펴낸곳 | 알파미디어
편집 | 남은영, 이현진
홍보마케팅 | 이인택
디자인 | 이창욱

출판등록 | 제2018-000063호
주소 | 05387 서울시 강동구 천호옛12길 18, 한빛빌딩 2층(성내동)
전화 | 02 487 2041
팩스 | 02 488 2040
ISBN | 979-11-91122-86-2 (03400)